数值天气预报前沿技术丛书

卫星红外高光谱资料同化应用技术

SATELLITE INFRARED HYPERSPECTRUM DATA ASSIMILATION APPLICATION TECHNOLOGY

余 意 张卫民 罗藤灵 赵延来 曹小群 刘 航◎著

气象出版社
China Meteorological Press

内容简介

本书介绍了卫星红外高光谱遥感仪器的特征,阐述了卫星红外高光谱资料的同化方法和相关应用技术,包括定量提取同化所需红外遥感参数等预处理技术、辐射传输模拟技术、质量控制和偏差订正技术、云检测、主成分压缩和重构技术、全天候资料同化应用方法等技术和方法。

本书最适合的读者对象是卫星红外高光谱资料同化方向的学生和实际研发人员,也适合从事卫星遥感、大气辐射传输、同化应用技术等方面的科研和业务开发人员参考。

图书在版编目(ＣＩＰ)数据

卫星红外高光谱资料同化应用技术 / 余意等著. --
北京 : 气象出版社, 2023.8
ISBN 978-7-5029-7985-0

Ⅰ. ①卫··· Ⅱ. ①余··· Ⅲ. ①卫星遥感－红外光谱学
Ⅳ. ①TP72②O434.3

中国国家版本馆CIP数据核字(2023)第103326号

卫星红外高光谱资料同化应用技术

Weixing Hongwai Gaoguangpu Ziliao Tonghua Yingyong Jishu

出版发行:气象出版社

地　　址:北京市海淀区中关村南大街 46 号		邮政编码:100081	
电　　话:010-68407112(总编室)　010-68408042(发行部)			
网　　址:http://www.qxcbs.com		**E-mail**:qxcbs@cma.gov.cn	
责任编辑:隋珂珂		终　　审:张　斌	
责任校对:张硕杰		责任技编:赵相宁	
封面设计:艺点设计			
印　　刷:北京地大彩印有限公司			
开　　本:787 mm×1092 mm　1/16		印　　张:13.25	
字　　数:350 千字			
版　　次:2023 年 8 月第 1 版		印　　次:2023 年 8 月第 1 次印刷	
定　　价:135.00 元			

本书如存在文字不清、漏印以及缺页、倒页、脱页等,请与本社发行部联系调换。

前　　言

　　数值天气预报系统是气象水文保障的核心装备,而数值天气预报模式和资料同化是其中的两大核心技术。利用资料同化生成初始场是制作数值预报产品的必要前提条件,是决定预报产品质量和可用预报时效的关键。然而,任何理论上先进和数学形式上完美的资料同化方法本身不能产生新信息,观测资料的质量和丰富程度是资料同化取得成效的基础条件。

　　卫星红外高光谱仪器是改善资料同化效果最显著的仪器之一。为了提高探测精度和垂直分辨率以满足数值天气预报进一步发展的需求,欧美一系列红外高光谱分辨率探测仪器研制成功并升空运行(如大气红外探测器(AIRS)、红外大气探测干涉仪(IASI)、跨轨红外探测仪(CrIS)等)。随着我国风云卫星气象工程技术实现从"跟跑"到"领跑"的迅速提高,国产气象卫星探测仪器尤其是卫星红外高光谱仪器迅猛发展,在全球首次实现极轨气象卫星和静止气象卫星平台上均搭载红外高光谱仪器,分别为高光谱红外大气探测仪(HIRAS)和地球静止干涉红外探测仪(GIIRS)。星载红外高光谱仪器能够比目前业务气象卫星上的红外辐射计在垂直方向以更高分辨率提供大气温度、湿度和大气成分的信息,实现对地球大气进行全天候、全天时、高光谱分辨率和高精度的垂直探测,其海量观测数据成为了持续改进数值天气预报准确率的重要观测资料来源。

　　卫星红外高光谱仪器的首要应用目标是数值天气预报资料同化。资料同化通过客观定量应用红外高光谱仪器的观测信息,改进数值预报的初始场,从而提高预报准确率。国产卫星红外高光谱仪器和资料同化应用起步较晚,加之在设计方案和观测数据等方面与国外同类仪器区别较大,并且国产卫星红外高光谱资料同化技术基础仍比较薄弱,业务化成果不多,还存在很多未知的科学问题和需要填补的空白,需要投入大量人力、物力才能充分发挥其潜在的价值。

　　本着促进卫星红外高光谱资料同化应用的初心,即使经验不足、能力水平有限,作者仍鼓足勇气写下了这本书。本书在介绍卫星红外高光谱仪器的基础上,详细介绍了资料预处理、同化方法、辐射传输模式、质量控制和偏差订正、云检测、压缩重构降噪及同化应用、全天候资料同化观测误差模型构造等,很多算法可以用于未来红外高光谱同化业务发展应用,可推广性较强。书中相关的部分内容取材于国内外文献,得到了国内外专家的指导,在此表示衷心感谢。

本书的成果在国家自然科学基金青年基金（41305101）、国家重点研发计划项目（2018YFC1401802）、湖南省自然科学基金青年项目（2019JJ50733）、"十三五"预研项目（305090415）中得到了很好的应用。

本书的出版，获得了以下两个项目的资助：国家自然科学基金面上项目"基于云场景的红外高光谱全天候观测误差协方差模型研究"（4207050417）；军队内部科研项目（〔2021〕014），在此表示衷心的感谢。

研究卫星红外高光谱资料同化应用技术需要理解"物理模型＋数学模型＋工艺模型"，为了促进资料的业务化应用，每个模型所包含一些假设和前提条件须知其影响。梅花香自苦寒来，既然选择了高精尖仪器应用技术研究，就需要有埋头苦干坐"冷板凳"的心理准备。

由于作者经验不足、水平有限，错漏之处在所难免，敬请批评指正，如能由此提出疑问，共同交流讨论促进资料发挥应用价值，这是作者的深切期望。

作者
2023 年 6 月

目　　录

第1章
卫星红外高光谱仪器和资料同化研究概述

高光谱分辨率遥感是在电磁波谱的可见光、近红外、中红外和热红外波段范围内,获得大量非常窄的连续光谱影像数据的技术。高光谱分辨率遥感是在成像光谱学的基础上发展起来的,其成像光谱仪对于每一个探测像元利用成千上万个很窄的电磁波波段从感兴趣的物体获得有关数据,包含了丰富的空间、辐射和光谱三重信息。依据国际遥感届的共识:当光谱分辨率在波长(λ)的十分之一($\lambda/10$)数量级范围内称为多光谱,当光谱分辨率达到波长的百分之一($\lambda/100$)的数量级精度时称为高光谱分辨率遥感。

卫星红外高光谱仪器属于高光谱分辨率遥感仪器的一种类型,是搭载在卫星平台上并且从红外波段对地物进行高光谱分辨率探测的遥感仪器。1956 年,King(1956)最先提出依据卫星的红外发射辐射来获得大气温度、湿度信息,阐明了星载红外高光谱传感器是探测大气温度、湿度垂直分布状况的一种重要方式。卫星红外高光谱仪器是卫星探测技术和现代光学仪器共同发展的奇迹,能对地进行空间、时间分辨率更高的探测,提供了全球覆盖的大气温度、湿度、云参数、气溶胶、温室与痕量气体、全球辐射收支等综合产品,为数值天气预报和气候监测提供了新的机遇。

1.1 卫星红外高光谱仪器发展现状

卫星红外高光谱仪器的出现和应用已有 30 年的历史,随着世界气象卫星和红外大气垂直探测仪器的发展而发展。早在 1960 年,世界第一颗气象卫星美国"泰罗斯"1 号卫星发射。1969 年,世界第一台卫星红外分光仪(Satellite Infrared Spectrometer,SIRS-A)载于美国云雨 3 号试验天气卫星(NIMBUS-3)被送上轨道。SIRS-A 只在红外波段拥有 8 个通道,且 90% 的观测值都受到云的干扰。即便如此,其探测资料仍改进了当时的天气预报效果。从 1970 年到 1978 年,美国发射了多颗雨云卫星并携带一系列大气垂直廓线仪进行探测试验,积累了大量的观测处理经验(董超华 等,2013)。1980 年,世界上第一个实现业务化应用的红外大气垂直探测仪 VAS 发射升空。该探测器具有 12 个通道,这些通道分布在 CO_2 红外 15 μm 长波和短波 4.5 μm 吸收带。

根据 Kaplan(1959)的理论,卫星的光谱分辨率和探测通道数量直接决定着大气探测的垂直分辨率。因此,红外大气垂直探测器的重要发展方向就是多通道化,即增大通道数量、减小通道宽度。红外高光谱仪器较红外多光谱仪器更为复杂,直到 1991 年,美国国家航空航天局(National Aeronautics and Space Administration,NASA)在高层大气研究卫星(Upper Atmosphere Research Satellite,UARS)上搭载首个星载红外高光谱仪器进行卤素掩星试验(Halogen Occultation Experiment,HALOE),采用掩星观测模式,在太阳升起和降落时实现对对流层上部、平流层及中间层的温度、痕量气体(CH_4、H_2O、O_3、NO、NO_2、HF 和 HC_1)和气溶胶的探测,光谱范围 990~4010 cm^{-1}(2.45~10.04 μm),光谱分辨率为 2~4 cm^{-1}。1996 年,日本成功发射对地观测卫星(Advance Earth Observing Satellite,ADEOS),其上搭载的温室气体干涉仪(Interferometric Monitor for Greenhouse Gases,IMG)是第一个采用对地观测方式进行痕量气体探测的星载傅里叶变换红外光谱仪(Fourier Transform infrared spectroscopy,FTIR),虽然在轨寿命仅 10 个月,但其红外波段的高光谱分辨率特性为全球大气反演提供了丰富信息,且获得了首幅全球温室气体分布图。

2002 年 5 月 2 日,世界第一台真正意义上应用于数值天气预报资料同化业务应用的红外高光谱探测器(Atmospheric Infrared Sounder,AIRS)搭载在美国 EOS-Aqua 卫星上成功发射。AIRS 采用光栅分光技术,具有 2378 个通道,辐射测量精度优于 0.2 K,实现了高精度、高分辨率红外探测。之后,欧洲和美国分别在 2006 年与 2011 年相继发射了采用干涉分光技术的红外高光谱探测器(Infrared Atmospheric Sounding Interferometer,IASI)和(Cross-track Infrared Sounder,CrIS)进行对地观测。

中国在 20 世纪 90 年代开始空间干涉技术研究,中国科学院长春光机所、西安光机所、安徽光机所、西安交通大学、上海技术物理研究所等单位都开展了相关研究工作。上海技术物理研究所从 20 世纪 90 年代开展基于迈克尔逊结构的大气垂直探测仪研究,2006 年完成原理样机研制,并取得了一批重要的实验数据。2016 年中国开始在风云气象卫星地球同步轨道科学实验星——风云四号 A 星(FY-4A)上装载红外高光谱(Geostationary Interferometric Infrared Sounder,GIIRS)仪器,2017 年在风云气象卫星极地轨道风云三号 D 星(FY-3D)上装载干涉式大气垂直探测仪(Hyperspectra Infrared Atmospheric Sounder,HIRAS)仪器,均成功应用于气象观测,以支持数值天气预报。2021 年 6 月 13 日,中国风云气象卫星的新一代静止轨道业务星——风云四号 B 星(FY-4B)搭载了红外高光谱 GIIRS 探测仪,产品精度有了进一步提升,实现了对致灾高影响天气,如台风、强对流等天气过程的高频次监测。2021 年 7 月 5 日,风云卫星家族首颗晨昏轨道卫星,也是世界业务气象卫星家族中首颗晨昏轨道卫星——风云三号 E 星(FY-3E)发射升空,其上搭载了新升级的红外高光谱 HIRAS 仪器。该仪器在保持高精度全球大气垂直探测能力的基础上,将有效提高全球数值天气预报精度和时效。中国开启"静止和极轨"双平台红外高光谱探测模式,有效提升了天气预报、气象防灾减灾和空间天气监测预警能力,有力地支撑了国家经济建设、防灾减灾和生态文明建设。

目前,红外高光谱探测技术已进入了全面发展的阶段,美国、中国和欧洲均正在研制新一代高光谱探测仪器,并计划随下一代气象卫星发射升空。在星载红外高光谱 30 多年的发展历程中,借助十多个卫星平台成功发射运行了星载红外高光谱仪器,具体仪器发展历程如图 1.1 所示,其中部分仪器将在 1.2 节中进行详细介绍。

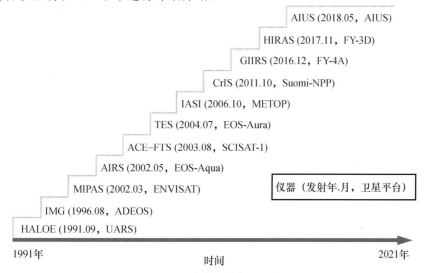

AIUS (2018.05,AIUS)
HIRAS (2017.11,FY-3D)
GIIRS (2016.12,FY-4A)
CrIS (2011.10,Suomi-NPP)
IASI (2006.10,METOP)
TES (2004.07,EOS-Aura)
ACE-FTS (2003.08,SCISAT-1)
AIRS (2002.05,EOS-Aqua)
MIPAS (2002.03,ENVISAT)
IMG (1996.08,ADEOS)
HALOE (1991.09,UARS)

仪器(发射年.月,卫星平台)

1991年   时间   2021年

图 1.1　卫星红外高光谱仪器的发展历程

1.2 卫星红外高光谱仪器探测模式

卫星红外高光谱仪器获取大气温度信息,按照观测几何模式进行分类,主要分为3种方式:天底观测模式、临边观测模式及掩星观测模式。常见卫星红外高光谱仪器的特征归纳如表 1.1 所示。

表 1.1 常见卫星红外高光谱仪器的特征

传感器	搭载平台	观测方式	发射时间	光谱范围/cm^{-1}	分光类型	光谱分辨率/cm^{-1}	星下点分辨率/km
IMG	ADEOS	天底	1996 年	600~3030	干涉	0.150~0.250	22.0
AIRS	EOS-Aqua		2002 年	650~2665	光栅	v/1200	13.5
IASI	METOP-A/B/C		2006 年	645~2760	干涉	0.250	12.0
CrIS	Suomi-NPP/NOAA20		2011 年	650~1095 1210~1750 2155~2550	干涉	长波 0.625 中波 1.250 短波 2.50	14.0
GIIRS	FY-4A		2016 年	700~1130 1650~2250	干涉	0.800	16.0
	FY-4B		2021 年	700~1130 1650~2250	干涉	0.625	8.0
HIRAS	FY-3D/E		2017 年	650~1136 1210~1750 2155~2550	干涉	0.625	16.0
TES	EOS-Aura	天底/临边	2004 年	650~3050	干涉	天底:0.060 临边:0.015	天底:5.0 临边:23.0
MIPAS	ENVISAT	临边	2002 年	685~2410	干涉	0.035	30.0
HALOE	UARS	掩星	1991 年	990~4010	干涉	2~4	10.0
ACE-FTS	SCISAT-1		2003 年	750~4400	干涉	0.020	—
AIUS	GF-5		2018 年	750~4100	干涉	0.020	—

1.2.1 天底观测模式

天底观测由传感器直接对星下点进行扫描探测,对接收的卫星正下方大气辐射信息进行分析,从而获得大气温度、湿度及痕量气体含量信息。天底观测具有视场角大、观测空间范围较广的优点,但是受观测大气有效层厚度影响,其垂直分辨率低于掩星和临边观测模式,且大气光谱信号容易受下垫面地表类型影响。天底观测模式是目前卫星红外高光谱仪器应用于数值天气预报的主要模式,这种类型的红外高光谱仪器有日本 ADEOS(Advance Earth Observing Satellite)卫星上的 IMG(Interferometric Monitor for Greenhouse Gases)、美国 EOS-Aqua 卫星上的 AIRS 与 Suomi-NPP 卫星上的 CrIS、欧洲 METOP 系列卫星上的 IASI、中国 FY-3D 卫星上的 HIRAS 和 FY-4A 卫星上的 GIIRS。其中,IMG 仪器于 1996 年 8 月 17 日随卫星发射升空,于 1997 年 6 月结束了使命,生成了首幅全球温室气体分布图,其余 5 种仪器目前仍在轨运行,为数值天气预报和全球气候变化提供了重要的观测信息。

1.2.2　掩星观测模式

掩星观测由传感器在太阳相对于空间飞行器升起和降落时进行测量,沿大气切线方向进行逐层探测,通过传感器视线上下移动,获取各大气层条带内的太阳透射光谱信息,结合气体吸收特性,完成观测高度范围内所有大气层的大气成分及温度探测。掩星观测模式示意图见图 1.2。掩星观测具有高垂直分辨率的优点,但是观测依赖于太阳或者月亮的升起和降落,时间覆盖率低。掩星观测模式的红外高光谱仪器有美国高层大气研究卫星 UARS 上的 HALOE、加拿大 SCISAT-1(Science Satellite-1)卫星上的 ACE-FTS(Atmospheric Chemistry Experiment-Fourier Transform Spectrometer)仪器和中国 GF-5 卫星上的 AIUS(Atmospheric Infrared Ultraspectral Sounder)。其中 HALOE 于 1991 年 9 月 12 日搭载升空,于 2005 年 11 月 21 日终止使命,属于太阳红外掩星传感器;ACE-FTS 仪器于 2003 年 8 月 12 日在范登堡空军基地发射,目前仍在轨运行,是采用掩星观测技术进行痕量气体探测的代表;AIUS 仪器仅在南极洲上空(50°—90°S)进行观测,可为南极地区大气痕量气体动态检测及临近空间环境研究提供数据支持。

图 1.2　掩星观测模式(Rozanov et al. ,2001)

1.2.3　临边观测模式

临边观测与掩星观测模式相似,均通过切向观测方式获取大气的垂直分布信息,区别在于掩星观测的光源为太阳直射光,临边观测的光源为太阳散射光。临边观测几何如图 1.3 所示。仪器扫描地球切点以上的大气,在水平与垂直两个方向上进行扫描,并记录大气发射的红外光谱。扫描在水平面内沿着垂直飞行方向进行,在一个水平扫描结束后调整切线高度,进行下一个水平扫描,如此反复直到最大切高处(王雅鹏 等,2016)。观测模式还能兼顾掩星的高垂直分辨率和天底的高空间覆盖率的优势,可完成轨道任意点的观测,探测高度约为 10~100 km,

其传感器接收的辐射均来自大气,减少了因为下垫面影响而带来的误差,具有垂直分辨率和敏感性较高的优点。临边观测模式的红外高光谱仪器有欧洲空间管理局(European Space Agency,ESA)研制的搭载在 ENVISAT 卫星上的 MIPAS(Michelson Interferometer for Passive Atmospheric Sounding)和美国 EOS-Aura 卫星上的 TES(Tropospheric Emission Spectrometer)仪器。目前这两个仪器均在轨运行,依据其多年的全球观测数据可进行大范围的气候变化分析。中国风云卫星 FY-3E 晨昏轨道卫星上搭载的红外高光谱 HIRAS 仪器增设了临边探测模式,可获取更精细的大气垂直分布状态信息,为大气非局地热力平衡等物理过程研究提供保障,也可以应用于空气动力学、化学等领域。

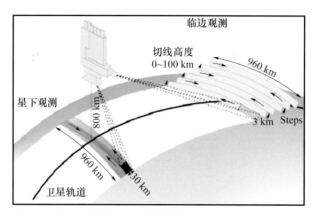

图 1.3　临边观测和星下观测模式几何示意(Kaiser,2001)

1.3　极轨与静止气象卫星红外高光谱仪器

目前,卫星红外高光谱仪器应用于数值预报资料同化通常由天底观测模式仪器提供观测数据。天底观测模式能够实现温、湿度沿高度方向的垂直探测,通常这种观测模式也称为垂直探测,由此天底模式的红外高光谱仪器也常被称为红外大气垂直探测仪。红外大气垂直探测仪主要探测地球大气的三维温度和湿度的分布变化。按照卫星的运动轨道来划分,天底观测模式卫星红外高光谱仪器可以划分为极轨气象卫星平台红外高光谱仪器和静止气象卫星轨道平台红外高光谱仪器。中国已经成为国际上同时拥有极轨和静止业务气象卫星的三个国家或区域组织之一,呈现美、欧、中三足鼎立的态势。中国在世界上首次实现极轨和静止平台上均搭载红外高光谱仪。

1.3.1　极轨气象卫星平台红外高光谱仪器

极轨气象卫星所在的瞬时轨道平面与太阳始终保持固定的交角,可以使得卫星所经过地点的地方时基本相同,卫星遥感探测资料具有长期可比性。由于这种卫星轨道的倾角接近

90°,卫星近乎通过极地,所以称它为"近极地太阳同步轨道卫星",简称极轨气象卫星。极轨卫星在离地面约 600～1500 km 的轨道上运行,它们的轨道通过地球的南北极,而且它们的轨道是与太阳同步的,也就是说,这样的卫星每天在固定时间内经过同一地区 2 次,因而每隔 12 h 就可获得一份全球的气象观测资料。极轨气象卫星探测数据主要用于改进天气预报模式,监测自然灾害、地球气候和生态环境。目前搭载在极轨平台上的数值天气预报常用的卫星红外高光谱仪器有 AIRS、IASI、CrIS 和 HIRAS。

（1）AIRS 仪器

2002 年 5 月 4 日,美国发射 EOS-Aqua 卫星,其上搭载 AIRS(Atmospheric Infrared Sounder)传感器,目的是为了提高天气预报的精度和增进人们对水循环及能量循环过程的认识。除了 AIRS 外,Aqua 卫星还搭载了两个微波传感器 AMSU(Advanced Micro-wave Sounding Unit)和 HSB(Humidity Sounder for Brazil),三者共同组成了一个完整的大气监测系统,主要用于大气温度、湿度探测。AIRS 由美国喷气推进实验室(Jet Propulsion Laboratory,JPL)指导、BAE Systems 公司制造,使用了由 Northrop Grumman 公司研发的第一款分离式斯特林脉管低温制冷器,自 1993 年开始研制,1999 年开始飞行模型测试,2002 年正式发射,设计在轨寿命为 7 年,实际上在轨运行超过了 19 年,证明 AIRS 技术是成功的。

为实现高灵敏度和高精度观测,AIRS 光谱仪两侧采用被动热控方式,近红外焦面和扫瞄镜分别冷却至 60 K 和 273 K,以降低仪器自身辐射对观测结果的影响。为了对仪器性能进行客观评价,在 205～301 K 环境下中,观察面源黑体,通过阶梯线性测试及统计分析得到噪声等效温差(Noise Equivalent Temperature Diffence,NEDT),其 NEDT 值基本处于 0～0.2 K 范围内,但在观测光谱两端,NEDT 值较大,分别受普朗克函数的剧烈变化和探测器系统传输及响应函数的影响。AIRS 作为光栅式红外光谱仪,其卫星轨道高度为 708 km,每天可进行两次全球观测,瞬时视场角为 0.6°×1.1°,空间分辨率为 13.5 km,为超过全球 95% 的地区提供观测数据。AIRS 光谱范围为 650～2665 cm^{-1}(3.7～15.4 μm),分辨率为 v/1200,分为 3 个波段,共 2378 个通道,红外的每个波数均对地球表面至平流层高度范围内的温度和水汽较为敏感,这也为全球范围内温度反演的准确性提供了保证。AIRS 在轨运行期间,作为首个为美国国家海洋大气局(National Oceanographic and Atmospheric Administration,NOAA)和美国国家环境预报中心(National Centers for Enviroment Prediction,NCEP)天气预报提供数据的红外高光谱传感器,在晴空条件下,其对流层的温度廓线产品精度可达 1 K/km,湿度廓线产品精度约为 15%/2km,与无线电探空仪的精度相当,并且可以实现全球覆盖,能够有效地应用于天气预报和气候变化的研究。AIRS 应用于数值天气预报的 L1 级数据(以 2021 年 7 月 20 日为例)可在该网站下载:
https://nomads.ncep.noaa.gov/pub/data/nccf/com/gfs/prod/gdas.20210720/00/atmos/gdas.t00z.airsev.tm00.bufr_d。

（2）IASI 仪器

红外大气干涉仪(IASI)是欧洲极轨气象卫星 METOP 系列上的重要传感器之一,由阿尔卡特阿莱尼亚航天公司制造。它不仅能为天气预测提供精确的温度、湿度及大气成分含量(O_3,CO,N_2O)数据,也可以用于陆地和海洋表面温度等其他特性的研究;且 1 km 垂直分辨率的温度廓线反演误差可达到 1 K,能有效地用于天气预报和气候变化的研究。IASI 由迈克尔逊干涉仪(Fourier Transform Spectrometer,FTS)型傅里叶光谱仪和集成成像系统(Inte-

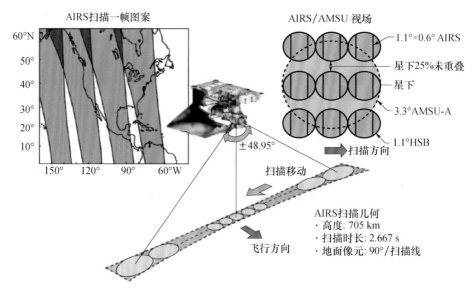

图 1.4　红外高光谱 AIRS 观测方式与空间分辨率图(官莉,2007)

grated Imaging System,IIS)组成,2006 年正式在轨运行。IASI 采用星下点扫描方式进行观测,每轨共进行 30 次成像观测,每次成像间隔为 $3°20'$,一个完整的扫描周期包含天底扫描、辐射定标和返回起始点过程,总耗时 8 s。IASI 星下点 12 km 空间分辨率,一天可完成两次全球观测,光谱范围为 $645\sim2760\ cm^{-1}$($3.62\sim15.50\ \mu m$),整个光谱范围被划分为不同光谱分辨率的 3 个波段,分别为:波段 1:$645\sim1210\ cm^{-1}$,光谱分辨率为 $0.35\ cm^{-1}$;波段 2:$1210\sim2000\ cm^{-1}$,光谱分辨率为 $0.45\ cm^{-1}$,波段 3:$2000\sim2760\ cm^{-1}$,光谱分辨率为 $0.55\ cm^{-1}$。IASI 各个波数范围蕴含着不同大气成分的信息,是大气成分高精度反演的基础。IASI 应用于数值天气预报的 L1 级数据(以 2021 年 7 月 20 日为例)可在该网址下载:https://nomads.ncep.noaa.gov/pub/data/nccf/com/gfs/prod/gdas.20210720/00/atmos/gdas.t00z.mtiasi.tm00.bufr_d。

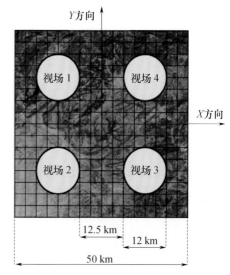

图 1.5　红外高光谱 IASI 观测方式与空间分辨率(Garciasobrino et al.,2017)

（3）CrIS 仪器

2011 年 10 月 28 日，美国对地观测卫星系统 Suomi NPP 成功发射升空。CrIS 是搭载于该卫星系统平台上的高光谱红外探测仪，由哈里斯公司制造，由美国 NOAA 研发。CrIS 探测了 1305 个光谱通道，分别覆盖长波红外、中波红外以及短波红外三个波段，在长波红外波段（648.75~1096.25 cm^{-1}），分辨率为 0.625 cm^{-1}，共设计 717 个观测通道；中波红外波段（1207.5~1752.5 cm^{-1}）共设计 437 个观测通道；在短波红外波段（2150~2555 cm^{-1}），共设计 163 个观测通道。

CrIS 是一台热红外傅里叶变换光谱仪，±48.33°的扫描角度可覆盖地球表面 1650 km。CrIS 资料的水平分辨率主要由波束宽度决定，也与扫描角及卫星高度有关。CrIS 的波束宽度为 0.963°，对应星下点瞬时视场直径为 14 km。CrIS 采用跨轨扫描方式，当卫星 Suomi NPP 自南向北沿轨运行时，CrIS 自西向东跨轨观测 30 个驻留视场 FOR（Field of Regard），每个驻留视场 FOR 包含了 3×3 的 9 个瞬时视场 FOV（Field of Views），一次轨道扫描中包含了 30 个 FOR，如图 1.6 所示。

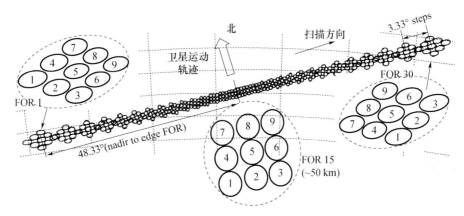

图 1.6　红外高光谱 CrIS 观测方式的空间分辨率（Han et al.，2013）

瞬时视场和驻留视场面积随扫描角增大而增大，即 CrIS 资料的水平分辨率在星下点处最大，随扫描角增大而减小。当扫描角较大时，CrIS 驻留视场在跨轨方向有重叠。每个驻留视场内，瞬时视场 5 被称为中心瞬时视场（Center FOV），瞬时视场 1、3、7、9 被称为对角瞬时视场（Corner FOV），瞬时视场 2、4、6、8 被称为邻边瞬时视场（Side FOV）。同一驻留视场内的 9 个瞬时视场之间无重叠。2017 年 NOAA-20 卫星同样装载了 CrIS 仪器。CrIS 应用于数值天气预报的 L1 级数据（以 2021 年 7 月 20 日为例）可在该网址下载：https://nomads. ncep. noaa. gov/pub/data/nccf/com/gfs/prod/gdas. 20210720/00/atmos/gdas. t00z. crisf4. tm00. bufr_d。

（4）HIRAS 仪器

2017 年 11 月 15 日，红外高光谱仪器 HIRAS 仪器随 FY-3D 极轨气象卫星成功发射。HIRAS 采用了目前国际上最先进的傅里叶干涉技术，是我国第二代极轨气象卫星风云三号序列卫星首个上天的干涉式红外高光谱探测仪器，是继美国和欧洲之后第三个在极轨卫星上装载的红外高光谱传感器。HIRAS 于 2018 年 3 月 1 日开始正式对地进行观测，4 月 20 日完成星上仪器全部调试和精校，2018 年 6 月完成了 HIRAS 全部功能和性能指标在轨测试。测试结果表明：HIRAS 具有较高的探测精度，其光谱定标精度优于设计指标要求，达到

2 ppm[①],并且随时间保持稳定;辐射定标精度长波红外波段偏差优于 0.5 K,最高达 0.2 K(胡秀清 等,2018)。

HIRAS 光谱范围包含长波红外波段(650~1136 cm^{-1})、中波红外波段(1210~150 cm^{-1})和短波红外波段(2155~2550 cm^{-1})3 个波段,共探测 1370 个通道,光谱分辨率最高达 0.625 cm^{-1}。HIRAS 采用对地跨轨扫描模式,每一行扫描共 29 个驻留视场 FOR,每一个 FOR 包括 4 个瞬时视场 FOV,星下点瞬时视场 FOV 大小约为 16 km,即空间分辨率 16 km,对地张角 1.1°,扫描周期为 10 s。如图 1.7 所示,每个波段采用 4 元小面阵并行观测,视场按照 2×2 排列,均与主光轴不相交,即为离轴视场。HIRAS 可以更精确地探测到更高垂直分辨率的大气温度和水汽信息,通过在数值天气预报模式中同化该资料将大大改进数值天气预报的精度,使中国中长期数值天气预报能力进一步提高。2021 年 7 月 5 日,风云卫星家族首颗晨昏轨道卫星搭载了新一代 HIRAS 仪器,具有更高精度的观测质量。HIRAS 应用于数值天气预报资料同化的 L1C 级数据可在国家卫星气象中心网址下载:http://satellite.nsmc.org.cn/portalsite/Data/DataView.aspx? SatelliteType=0&SatelliteCode=FY3D#

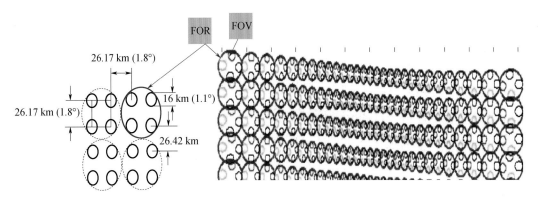

图 1.7　红外高光谱 HIRAS 观测方式的空间分辨率(陆其峰 等,2019)

1.3.2　静止气象卫星平台红外高光谱仪器

静止气象卫星相对地球是不动的,与地球保持同步运行,故又称为地球同步轨道气象卫星。静止气象卫星运行高度约 35800 km,其轨道平面与地球的赤道平面相重合。从地球上看,卫星静止在赤道某个经度的上空。一颗同步卫星的观测范围为 100 个经度跨距,纬度为 50°S—50°N,100 个纬度跨距,如果沿地球赤道均匀地设置 5 个静止卫星,就可以形成一个南北纬 50°之间的全球观测带。静止卫星在不到 30 min 的时间内就可对其视野范围内的大气进行一次观测,而极轨卫星则要相隔 12 h,所以静止卫星有利于监视变化快和生命史短的天气系统,如台风、强风暴等,其观测数据主要用于天气监测和预报。目前在静止卫星上实现对地观测的红外高光谱仪器有中国风云四号 FY-4A 和 FY-4B 卫星上的 GIIRS 仪器。欧洲气象卫星应用组织(European Meteorological Satellite,EUMETSAT)正在为其第三代地球静止轨道气象卫星(Meteosat of Third Generation,MTG)上载荷傅里叶变换光谱仪红外探测仪(Infrared sounder,IRS),用于分析高空大气化学成分,观测范围从短波红外扩展到超常长波红外。尽管

---

① 　1 ppm＝10^{-6}。

美国尚未成功推出静止卫星高光谱红外探测仪,但地球同步成像傅里叶变换光谱仪(Geostationary Imaging Fourier Transform Spectrometer,GIFTS)已经研发出来,采用了大规模聚焦平面阵列和傅里叶变换技术,不过从未在卫星上使用过(张小华,2019)。

静止气象卫星红外高光谱仪器可以高频次对大气进行探测,在三维空间的基础上加上时间维,能够实现四维探测。静止气象卫星红外高光谱探测能实现气象上要求的大范围快速探测。2004 年,中国气象局明确定义"风云四号"大气垂直探测仪任务为:特殊天气预报(灾害天气、航空天气和军事天气),提高探测频率和空间分辨率;数值天气预报,提高温度、湿度廓线的探测精度和探测垂直分辨率;大气化学和气候变化研究,实现对温室气体、痕量气体的观测(华建文 等,2018)。

中国 FY-4A 卫星上的 GIIRS 仪器是国际上第一台在静止轨道上以红外高光谱干涉分光方式探测三维大气垂直结构的精密遥感仪器,具有突破性,在静止轨道上从二维观测进入三维综合观测。2016 年 12 月 11 日,GIIRS 仪器随 FY-4A 静止轨道气象卫星成功发射,其光谱范围包含长波红外波段(700~1130 cm^{-1})和中红外波段(1650~2250 cm^{-1}),光谱分辨率 0.625 cm^{-1},共 1650 个通道,星下点空间分辨率为 16 km。与 AIRS 和 IASI 相比,其具有更高的时间分辨率,GIIRS 可每 15 min 提供一次中国及周边地区的区域观测,在数值预报中具有重要的应用前景。GIIRS 主要由中国科学院上海技术物理研究所承担研制任务,根据设计,所载荷卫星轨道高度为 35800 km,整个仪器由前置望远镜系统、干涉分光系统和探测器系统组成。GIIRS 仪器常规对地观测模式扫描顺序为冷空、内部黑体和地球目标,冷空和黑体观测各为 1 个驻留点,对地球目标观测时包括 30 个驻留点,对于红外通道,每个驻留视场包含 32×4 排列的 128 个瞬时视场,每个瞬时视场的观测视场为 120 μm/448 μrad,对应星下点地面瞬时视场大小为 16 km,南北方向像元之间间隔 34 μm,对应地面距离为 4.44 km,东西方向像元间隔为 120 μrad,对应地面距离为 16 km。可见光通道每个驻留点包括 330×256 排列的 84480 个视场,每个视场的观测视场为 50 μm/56 μrad,对应星下点地面瞬时视场大小为 2 km(倪卓娅,2019)。

继 FY-4A 试验星发射成功后,2021 年 6 月 3 日 FY-4B 业务星发射成功,其上同样装载了红外干涉式高光谱 GIIRS 探测仪。在风云四号科研试验星 FY-4A 成功的基础上,风云四号业务星 FY-4B 的性能与功能实现了多方面的提升,相应装载的 GIIRS 仪器也有进一步提升,星下点空间分辨率由 16 km 提高到 8 km,辐射定标精度从试验星的 1.5 K 提升到 0.7 K,光谱定标精度从 10 ppm 提升到 7 ppm。FY-4B 卫星数据地面应用系统采用自主可控信息化技术,数据传输秒级延迟,产品处理时效将由 12 min 提升为 5 min。

FY-4 气象卫星红外高光谱大气垂直探测仪 GIIRS 的基本功能:以高光谱分辨率方式测量来自地球的两个红外波段的辐射;对地球的不同区域实现扫描覆盖探测;进行星上光谱和辐射的定标;实现恒星敏感,确保扫描指向的准确度。

GIIRS 将极大提升我国在静止轨道上对大气温度、湿度和若干痕量气体特性参数的空间和时间四维结构及其变化规律的观测能力,改进垂直分辨率,为数值天气预报和气候研究服务。GIIRS 在全球范围内首次实现在静止卫星平台红外高光谱对地观测,具有里程碑式的意义(图 1.8)。GIIRS 应用于数值天气预报资料同化的 L1 级数据可在中国国家卫星气象中心网址下载:http://satellite.nsmc.org.cn/portalsite/Data/DataView.aspx? SatelliteType=1&SatelliteCode=FY4A

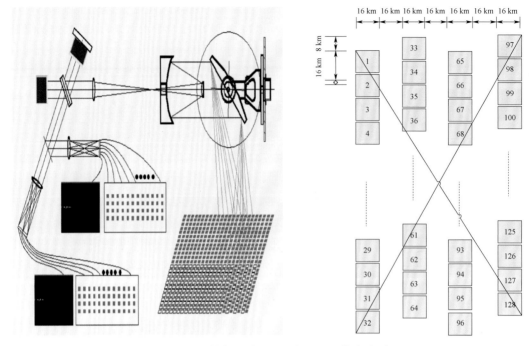

图 1.8　FY-4A 卫星红外高光谱 GIIRS 仪器观测模式（倪卓娅，2019）

1.4　卫星红外高光谱探测内容

卫星红外高光谱仪器作为一种被动遥感接收器，接收来自太阳和地球两个辐射源经过地球大气层散射、吸收和折射后到达大气顶的电磁辐射。表 1.2 显示了红外高光谱仪器常用的探测波段和相应的探测目标。图 1.9 为常用于数值天气预报资料同化的卫星红外高光谱覆盖范围，其中的包络线是采用全光谱探测模式的 IASI 的光谱亮温图，纵坐标表示亮温（T，单位为 K），横坐标底标表示波数（k，单位为 cm^{-1}），横坐标上标表示波长（λ，单位为 μm）。波数与波速不同。波速又称为相速，通常以 c 表示，单位为 m/s。波速与波长和频率（f，单位为 Hz）之间的关系可以表示为：$v = \lambda f$。波数表征的含义为波传播的方向上单位长度（通常是每厘米）内波周的数目，与波长的关系可以表示为 $k = 10000/\lambda$。波数（k）与光谱分辨率（x）之间存在一定的换算关系。当光谱分辨率恒定且光谱连续时，指定波段内通道的波数可以用下列公式求解：

$$k_i = k_1 + (i-1)x \qquad (1.1)$$

式中：k_i 为第 i 个通道的波数；k_1 表示起始波数。以 GIIRS 光谱为例，长波波段通道 10 的波数为 $700 + (10-1) \times 0.625 = 705.625 (cm^{-1})$。GIIRS 长波与中波不连续，计算中波波数时则从中波起始波数开始计算。

表 1.2   卫星红外高光谱仪器主要的探测波段及相应的探测目标

波段名称	光谱范围/cm^{-1}	主要吸收气体	主要探测目标
R1	650～770	CO_2	晴空/部分云区温度廓线探测
R2	790～980	大气窗口	地表和云特性
R3	1000～1070	O_3	O_3 探测
R4	1080～1150	大气窗口	地表和云特性
R5	1210～1650	H_2O	水汽、湿度探测,CH_4、N_2O 柱浓度探测
R6	2100～2150	CO	CH_4 柱浓度探测
R7	2150～2250	CO_2 和 N_2O	温度廓线和 N_2O 柱浓度探测
R8	2350～2420	CO_2	温度廓线探测
R9	2420～2700	大气窗口	地表和云特性
R10	2700～2760	CH_4	CH_4 柱浓度探测

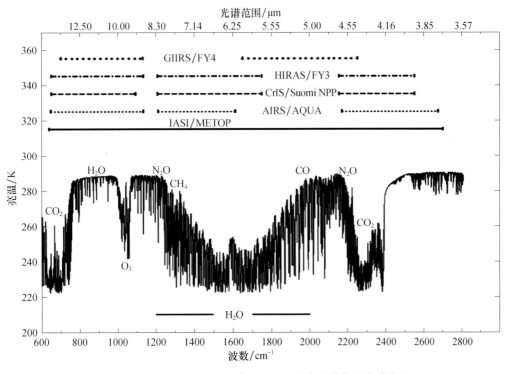

图 1.9   数值预报资料同化常用卫星红外高光谱仪器光谱范围

1.5   卫星红外高光谱资料对数值天气预报的重要作用

从数值天气预报发展之初,观测场的自由度就远小于模式场的自由度。早期用于数值预报的观测主要来自于有限且分布极不均匀的观测站点,这些站点在极区、青藏高原等人迹罕至的区域以及广阔洋面上几乎没有分布。站点数量也呈现北半球多、南半球少的态势。图 1.10 为截止到 1998 年 6 月全球地面气象测站的分布图。随着全球气象观测网络的建设,观测站点逐渐增多,但数值模式分辨率的不断提高使得模式场自由度呈几何级数增长。常规观测资料已远远不能满足现代数值天气预报的需求。

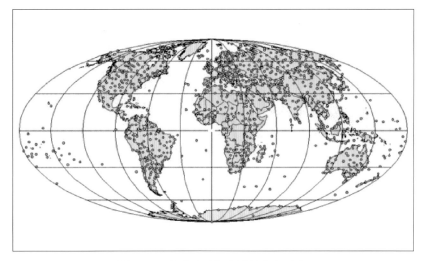

图 1.10　全球地面气象测站分布示意

美国科学家 King 于 1956 年首次提出了可以通过卫星辐射率的观测来反演大气温度的思想(King,1956),Kaplan 在 1959 年发现不同高度的大气层其发射的辐射频率也有所不同(Kaplan,1959)。基于上述理论,美国开始了气象卫星计划,并在 1960 年 4 月 1 日成功发射了世界上第一颗气象卫星泰罗斯一号(TIROS-1)。卫星观测资料具有实时性强,覆盖范围广,种类丰富等优点,根据欧洲中期天气预报中心(European Center for Medium-range Weather Forecasts,ECMWF)对一次分析预报业务资料数据的统计结果,进入同化业务系统的观测资料中有 91.41% 为卫星资料,而经过资料筛选后卫星资料更是达到了 99.07%(董佩明 等,2008)。图 1.11a 为 ECMWF 统计的卫星资料在整个观测资料中所占比例的演变情况。从 2019 年 ECMWF 的 12 h 同化时间窗内的各类观测资料占比统计结果可以看出:相比同化的传统观测、微波、GPS(全球定位系统)掩星、云导风和臭氧等其他观测,卫星红外高光谱资料占据主要的观测资料比例,如图 1.12 所示。

与此同时,卫星观测资料实时性和覆盖范围广的特点对初始场的改进起到了十分巨大的作用。从观测资料对同化效果的贡献来看,遥感探测资料的贡献率也已超过了探空报、飞机报与地面报等常规观测资料,成为最能影响数值天气预报效果的观测资料。图 1.11b 为 ECMWF 在 2007 年基于观测系统试验(OSEs)得到的预报场 500 hPa 距平相关系数对比图,图中红线代表只同化常规观测资料,绿线代表同化常规观测资料和云导风资料,黑线代表同化常规观测资料和微波探测仪 AMSUA 资料。可以看出,同化了卫星观测资料后,预报技巧得到了显著的提升。北半球的可信预报天数提高了大约 3/4 d,在常规观测较为缺乏的南半球,对预报技巧的提高更是达到了 3 d。

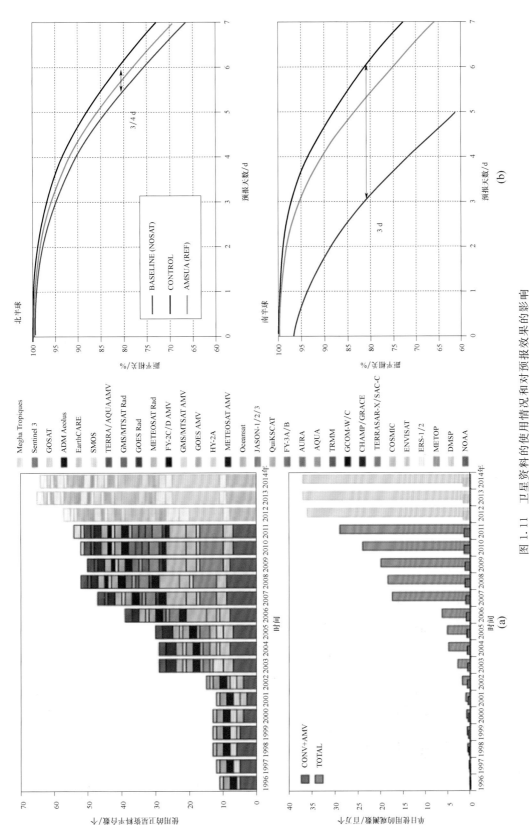

图 1.11　卫星资料的使用情况和对预报效果的影响

（a）卫星资料在整个观测资料中所占比例的演变；（b）预报场 500 hPa 距平相关系数对比

通过同化越来越多的遥感探测资料,从而带来数值预报初始场的不断改进,是近十几年来全球中期数值预报质量不断提高的最主要原因。1987年,世界气象组织(WMO)在对第一个十年卫星大气探测资料(TOVS)对天气预报准确率贡献的分析和评估后提出,只有当全球大气垂直温度、湿度廓线的探测精度达到无线电探空的水平,才可能显著改善当时的天气预报能力(漆成莉,2004)。因此,在众多的卫星遥感资料中,红外高光谱资料凭借其高空间分辨率和高光谱分辨率的突出优点,成为所有卫星观测中对预报误差减小和同化效果改善贡献最大的一种观测资料。2012年5月在美国亚利桑那召开的第五次观测系统对数值天气预报影响评估会议上,多个数值天气预报中心的报告表明:和全球其他气象观测系统相比,高光谱红外大气垂直探测系统在对全球数值天气预报的改进方面,其作用名列首位,效果显著(董超华 等,2013)。

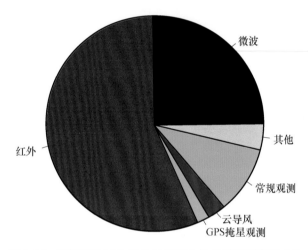

图 1.12　ECMWF 12 h 同化时间窗内的各类观测资料占比

图 1.13 显示了 2003 年南半球冬季和夏季各 50 个预报场与真实场在 500 hPa 的平均距平相关系数。其中蓝色代表同化微波探测仪 AMSUA 的探测资料;红色代表同化大气红外探测器 AIRS 的探测资料;黑色代表同化红外辐射传感器 HIRS 的探测资料;灰色代表不同化任何辐射率资料。可以看出,同化 AIRS 资料对预报效果的改善更为明显。

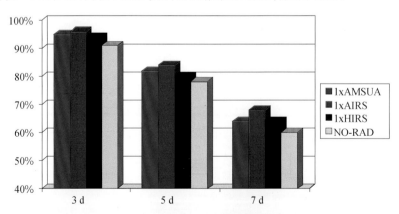

图 1.13　三种卫星遥感资料对提高大气预报效果的对比

1.6　卫星红外高光谱资料同化应用进展与研究热点

要实现准确的数值天气预报,必须具备完善的数值预报模式和精确的初始条件。经过了半个世纪的发展,各种数值计算方案和滤波技术被相继提出,数值模式的发展也日臻成熟。随着数值预报模式的分辨率不断提高,考虑的物理过程不断完备和细化,初始场精确性对模式预报结果的影响日益突出。基于大气系统是典型的混沌系统这一事实和数值天气预报是微分方程的初值问题这一数学本质(薛纪善,2009),初始场的精确性会强烈地影响数值模式的计算结果。一个好的初始场应该具备两个条件:一是初始场要能够尽可能真实地反映实际大气的运动状态和热力状态;二是初始场能够与模式的物理过程和动力特性相协调。如何得到理想的初始场,成为决定模式预报效果的关键因素。

针对上述出现的新问题,人们提出了资料同化的概念并大力发展资料同化技术。资料同化就是结合某一时刻尽可能多的有用信息,通过数学方法,得到一个该时刻在统计意义上最优的模式初始场(陈东升 等,2004)。相应的分析同化手段经历了从主观到客观,从经验组合到统计最优的发展历程。

资料的变分同化是 20 世纪 80 年代开始发展起来的一种资料同化方法,从 90 年代开始成为国际上数值预报中心业务资料同化的主流方法。在实际问题中,常常需要得到一个最优解。人们通常根据问题来定义一个目标泛函,通过求解目标泛函的极值,来得到这个问题的最优解。变分资料同化将资料同化转化为一个度量分析场与背景场,以及观测资料的距离的目标函数的极小化问题,由于在目标函数中显示引入从状态(分析变量)空间到观测空间转换的观测算子,放松了对观测资料的限制,为大量与分析变量间存在复杂关系的观测资料的直接同化创造了条件(杨军,2012)。随着以卫星红外高光谱和微波资料、雷达资料为代表的非常规观测资料的不断增长,迫切需要发展一种能够同化这些观测资料的方法。变分法可以将资料同化问题抽象为求解一个分析场,该分析场需要与经过背景误差协方差 $\boldsymbol{B}$ 调整后的背景场和经过观测误差协方差 $\boldsymbol{R}$ 调整后的观测场之间的"距离"之和达到最小。故变分法求解分析场的本质是极小化问题。通过引入极小化迭代方法,可以避免直接计算观测算子 $\boldsymbol{H}$(斜体表示非线性模式)的切线性矩阵 $\mathbf{H}$(正体表示切线模式,下文同),因此在变分方法中可以引入非线性观测算子,使得同化与分析变量存在非线性关系的观测量成为可能。另外,通过将预报模式条件引入同化过程,可以使得到的分析场在物理、动力、热力上更为协调(刘成思,2005)。根据模式的引入与否,变分方法可分为三维变分(3DVar)和四维变分(4DVar)。

1.6.1　卫星红外高光谱资料同化应用进展

国内外学者在研究同化卫星红外高光谱遥感资料提高数值天气预报质量等方面做了大量的工作,并取得显著的进展,促进了卫星红外高光谱资料的推广应用。2003 年 10 月 ECMWF

成功将 AIRS 辐射资料引入四维变分资料同化系统,首次实现红外高光谱遥感资料的业务同化。统计结果表明:红外高光谱资料能够改善数值预报模式的预报评分,南半球尤为明显(Collard et al.,2003;McNally et al.,2006)。Le 等(2006)研究表明,AIRS 辐射率明显提高了卫星同化联合中心(Joint Center for Satellite Data Assimilation,JCSDA)预报模式 500 hPa 距平相关系数。McCarty 等(2009)通过在区域尺度上利用 AIRS 辐射率,一定程度上提高了 NCEP 北大西洋模式(NAM)的 0~48 h 预报距平相关。在 IASI 卫星成功发射不到一年时间内,2007 年 6 月 ECMWF 首次对 IASI 观测资料进行全球同化试验,2007 年 12 月实现业务化应用(Collard,2007a)。英国气象局 Met office 等中心基于传统的辐射率直接同化方法,也分别于 2005 年和 2009 年实现了卫星红外高光谱 AIRS 和 IASI 观测资料的业务同化(James et al.,2005;Hilton et al.,2009)。2008 年 7 月法国气象局在其全球模式 ARPEGE(Action de Recherche Petite Echelle Grande Echelle)中实现 IASI 资料业务同化应用,并于 2010 年 4 月在对其中尺度模式(Applications of Research to Operations at Mesoscale,AROME)中实现 IASI 的应用,两种模式的预报效果均明确表明:红外高光谱 IASI 资料同化对数值预报的影响具有正效果(Guidard et al.,2011)。2012 年 ECMWF 将 165 个 IASI 长波通道辐射率转换得到的 20 个主成分(Principal Component,PC)分量,并对这些主分量进行直接四维变分同化测试,结果表明:在数据量减小为原来 1/8 和同化总计算代价减小 25% 的优势下,主分量同化方法获得了与红外高光谱辐射率直接同化方法相当的分析和预报效果,而且在与探空观测拟合比较后主分量的效果在一定程度上优于光谱辐射率的同化(Matricardi et al.,2014),并且 ECMWF 自 2012 年起发布 AIRS 和 IASI 资料的主分量产品,在其四维变分同化系统中尝试同化红外高光谱主分量和重构辐射率。自 2013 年 4 月 30 日起,Met Office 同化系统中投入使用 CrIS 资料,Smith A 等(2015)评估了 CrIS 资料的质量,发现在一些关键温度探测通道上 CrIS 的背景偏差标准差低至 0.15 K,约为 IASI 的一半,是 AIRS 的三分之一。2019 年,ECMWF 的研究专家 Geer 等对 7 个 IASI 水汽通道进行全天候观测资料同化,在观测误差协方差模型中建立了误差相关与云之间的联系,由此改善了同化分析场。Geer(2019)指出,对于红外高光谱全天候观测资料的同化应用,观测误差协方差模型需要同时考虑通道间的误差相关和方差随云量的变化。

国内学者高文华等(2006)首次探究 AIRS 温、湿反演产品在中国区域的精度,成功将资料同化到 MM5 中尺度数值模式中。李刚等(2016)在中国全球/区域同化预报系统(Global/Regional Assimilation and Prediction System,GRAPES)中实现对卫星红外高光谱资料同化,通过对 IASI 长波 CO_2 通道进行为期一个月的偏差订正,统计得出中高层通道资料订正效果良好,但是底层通道由于云污染导致数据样本不足反馈不理想。张同等(2016)通过同化 IASI 亮温资料来研究该资料对区域模式中的降水模拟效果的影响。余意等(2017)在 WRFDA 系统中同化 IASI 辐射资料能够减少台风"红霞"和台风"莫兰蒂"的 72 h 预报的跟踪误差,改善了台风的路径预测。韩威(2018)对 GIIRS 资料应用了 Desrosiers 观测误差协方差模型,对 GIIRS 观测进行了诊断分析,并成功在 GRAPES 全球四维变分同化系统中实现了风云四号 GIIRS 资料业务化运行,显著改善了台风等灾害天气过程的监测预报。随着机器学习等智能技术的发展应用,学者们开始尝试将机器学习的方法与卫星红外高光谱资料的研究相结合,Zhang 等(2019)采用多种机器学习方法对 GIIRS 进行了云检测研究,训练了多个机器学习云检测模型,获得了良好的 GIIRS 云检测精度。Weng 等(2020)研发了中国第一代快速辐射传输模式(Advanced Radiative Transfer Modeling System,ARMS),发展和建立了完整的气溶胶、云粒子散射数据库,能实现全天候条件下中国卫星红外高光谱 GIIRS 和 HIRAS 的快速高精度辐射传输计算。

1.6.2 卫星红外高光谱资料同化研究热点

目前,许多业务中心已经成功将红外高光谱资料应用到业务系统中,并取得了较好的效果。由于在同化系统中使用的红外高光谱资料只占观测的红外高光谱资料的很少一部分,相当一大部分的红外高光谱资料都被舍弃,故而在红外高光谱资料同化中仍然有许多问题有待研究。

(1)高光谱资料的通道选择

红外高光谱探测资料在进入同化系统之前必须进行通道选择,这主要是基于以下三点考量:第一,红外高光谱探测资料通道数量众多,数据量巨大,这都给辐射传输模式的模拟计算造成了沉重的负担;第二,红外高光谱的不同通道对同化效果的贡献不尽相同,有些通道的贡献极小,甚至会产生负效应;第三,通道之间存在很强的相关性。

最初通道选择的首要参考标准是通道的权重函数。通道权重函数的峰值高度和峰值锐度反映了大气对该通道频率的吸收作用。一般选取权重函数峰值在大气中高层的通道,这是由于地表变量不够精确,使得模拟辐射不能满足精度要求,故不使用地面通道(Susskind et al.,1984)。需要指出的是,这种以权重函数为主的通道选择方法,未能考虑大气状态和通道的观测误差,存在一定的局限性。

Rodgers(1996)首次引入信息熵的概念,并使用逐步迭代法进行通道选择。Fourrié 等(2003)将该方法应用于 AIRS 的通道选择。在国内,杜华栋(2008)提出的大气可反演指标和张水平(2009)提出的信息容量都是借鉴了 Rodgers 的思想,使用不同的指标来选择通道,均达到了较好的效果。

(2)高光谱资料的辐射传输模式

精准的快速辐射传输模式是数值天气预报中卫星资料同化的关键技术,也是卫星资料反演、传感器标定和验证的有效工具。美国发展的 CRTM(Community Radiative Transfer Model)辐射传输模式和欧洲发展的 RTTOV(Radiative Transfer for TIROS Operational Vertical Sounder)辐射传输模式是国际上得到广泛业务应用的两个快速辐射传输模式。但是,在中国风云卫星快速发展之际,由于各种原因 CRTM 和 RTTOV 对我国风云卫星的支持越来越少。与通道选择相似,高光谱资料的辐射传输模式同样需要避免数量庞大的通道计算和通道间的高度相关性。Matricardi(2010)提出主成分分析方法是解决上述问题的理想方法。余意(2011)详细描述了这种方法:将高光谱每个通道的观测进行线性组合,组合的权重由方差最大这一条件计算得出。这样经过线性组合得到的新变量称为主分量。按照各主分量的方差贡献不同,可以按需要选取前面方差贡献较大的几个主分量以达到降维的目的。另外,各主分量之间相互无关。因此,可以计算真实观测和模拟观测的主分量差作为观测增量加以同化。

(3)高光谱云检测问题

由于大气中云是由水滴、冰晶构成,其在红外波段的吸收作用非常强烈,可以近似看作黑体,云层之下地面和大气发射的红外辐射无法透过云层到达探测器。同时,云顶在红外波段作为黑体向四周发射辐射,因此探测器测量的仅是云层顶部水滴或冰晶发射的辐射,其亮温明显低于周围的大气温度(陈靖 等,2011)。正是这个原因,云的存在给红外高光谱资料的直接同化带来了巨大的挑战。目前,基于直接同化的卫星辐射率资料云检测,主要是根据以下两种思路来展开:①只选择晴空资料;②选择不受云污染的通道。

对于上述思路①,其关键是要实现对视场是否有云的准确判断,若判断出某一视场有云,则放弃对这一观测视场资料的使用。Menzel 等(1983)提出,使用 CO_2 切片法计算云顶气压和有效发射率。Smith W L 等(1990)在 Menzel 的基础上使用云顶参数对 ATOVS 的大气红外探测仪器进行云检测。对于红外高光谱观测资料的云检测,Goldberg 等(2002)通过比较通道间观测亮温值,以及背景场在该 FOV 处的气象要素值,提出了 NESDIS-Goldberg 方案以用于 AIRS 资料的云检测。在此基础上,Goldberg 等(2003)又分别对陆地和海洋表面的瞬时视场细化了云判定的条件,完善了云检测方案。官莉(2007)通过将 MODIS 和 AIRS 的瞬时视场进行空间匹配,利用 MODIS 资料空间分辨率高、云特征表现明显的优势,来对 AIRS 视场进行云检测。

对于上述思路②,是基于以下事实考量:其一,在典型的红外高光谱观测资料中,大多数的瞬时视场或多或少都会受到云的影响,完全不受云污染的瞬时视场只占总视场的 10% 左右(Wylie,1994)。另外,由于通道间权重函数不同,受云影响的瞬时视场中总会包含对云层不太敏感的通道,这些通道的权重函数峰值高度在云层之上,它们同样包含着峰值高度范围内的温湿等廓线信息,可以加以同化利用(蒋德明 等,2003);其二,近年来研究表明,有云区域的通道观测资料往往包含有更多的天气系统信息(McNally,2002)。由于云总是与强降水、雷电等重要天气活动相伴随,因此有云卫星资料总是与天气敏感区相互联系。可见,对于大气高光谱探测资料的云检测而言,思路②更为适用。高光谱探测器的每一个视场中均包含上千个通道,大部分通道的权重函数极大值高度均在对流层之上,若不加区别地一概弃用,则会造成巨大的浪费。基于思路②开发的云检测技术是基于偏差的晴空通道云检测技术(Wylie,1994)。这种方法的关键在于搜索云顶以上大气层不受云影响的通道,将这些通道标记为晴空通道,从而进入同化系统。这种方法的优点是能够尽可能保留不受污染的通道资料,极大地提高了观测资料的利用率;缺点是,检测晴空通道的准确率很大程度依赖于观测减去背景场的偏差准确度,偏差项包含的背景场误差可能会使云检测结果发生"漏报"和"错报"(Eresmaa,2014)。另外,云检测过程中包括了多个步骤:辐射传输模式的调用、计算通道高度、通道高度排序、平滑滤波、计算梯度等,存在计算开销较大的缺点。因此,如何改进这些方法,使其能够精准而快速地选出不受云污染的数据,对于红外高光谱资料同化具有积极的意义。

(4)高光谱数据压缩降噪问题

红外高光谱探测仪器能够探测数以千计通道的辐射率,权重函数覆盖大气各个层次,能够垂直探测精细的大气的温湿廓线信息。现有的红外高光谱仪器 AIRS、IASI、CrIS 均搭载在极轨卫星平台上,实现每天对全球进行两次探测,形成的各级数据产品每天的数据量达到了几个 G 到几十个 G。中国的 GIIRS、HIRAS 搭载在风云气象卫星上,实现高精度和高频次的区域大气化学成分探测和实时监测,探测了大量的观测数据。这些数据在星上与地面各数据中心占用了大量的存储空间,也耗费了数据节点之间大量的传输时间,在同化计算过程中也需要大量的计算开销。如何有效构建红外高光谱的数据产品,促进资料的有效推广与应用具有重要的意义。目前大多数数值中心没有采用很好的降维压缩方法来处理红外高光谱资料,对于红外高光谱数据仅仅是简单的通道挑选方法来形成同化应用的观测资料子集,大量的通道信息都舍弃不使用。卫星红外高光谱数据中存在大量相似的通道造成了观测信息的高度相关和冗余,海量观测数据不便于存储和传输。此外,通道中存在一定的噪声,也不利于高光谱数据的使用。因此,如何将红外高光谱数据进行压缩和降噪,既方便高光谱数据的存储和传输,又能降低通道之中的噪声,以及如何能够把压缩降噪后的观测信息合理地应用于数值天气预报资料同化也是一个非常具有研究价值的问题。

(5)全天候卫星红外高光谱观测资料的直接同化技术

由于受云雨污染及未知地表发射率的影响,大部分(超过 75%)卫星辐射观测资料被剔除和弃用,不能对同化分析产生正贡献。ECMWF 提供的数据显示,相对其他观测资料而言,微波观测资料对同化的贡献逐年提升,对典型的天气过程如台风、西南涡等路径和强度的预报有着非常明显的改进作用。为了提高卫星资料的利用效率以及改进降水天气系统的预报准确度,非常有必要针对卫星红外高光谱资料研究和实现一种能统一处理晴空、受云和降水影响的微波辐射率资料的新同化方法。与以前对于晴空和云雨区域的辐射率资料采用不同同化方案相异,新方法要求红外高光谱观测资料具有全天候同化功能。

第 2 章
资料同化原理和系统框架

2.1 资料同化方法概述

2.1.1 数值预报与资料同化

数值天气预报(Numerical Weather Predication,NWP)是在一定的初值和底/侧边界条件的估计下,通过大型计算机作数值计算,求解一组描述大气演变过程的流体力学和热力学方程组,预测未来一定时段的大气运动状态和天气现象的方法。1922年,Richardson等(1922)第一次把观测资料作为初始场,用手工插值的方法内插到规则网格点上,将初始条件数字化并进行了最早的数值预报"主观分析"。但是,由于该预报采用了没有滤波处理的方程,导致预报最终失败。从1951年Charney基于正压涡度方程并利用计算机进行计算,第一次成功地实现了数值天气预报,1954年瑞典首次实现数值天气预报业务化运行,随后6个月美国实现了首次实时数值天气预报业务运行,历经数十年,到现在数值天气预报质量取得了惊人的进展。数值天气预报的成功,使得天气预报由主观估计发展成为客观定量预报,世界气象组织认为这是20世纪最重大的科技和社会进步之一。

随着数值预报模式的分辨率不断提高,考虑的物理过程不断完备和精细化,预报模式日益完善,初值的作用愈加凸显其重要性(薛纪善,2009)。显然,初值的估计越精确,模式预报的质量就越准确。资料同化就是为数值天气预报模式提供初值的方法,基本原理是:根据一定的最优估计方案,将不同时空、不同地区和不同观测手段获得的观测信息与大气物理模型纳入到统一的分析与预报系统,建立模型与数据相互协调的优化关系,使分析结果误差最小,形成在物理、热力和动力上协调一致的大气初始场(董超华 等,2013)。多源观测资料与数值预报网格示意图,如图2.1所示。因此,资料同化对提高观测资料利用率、分析质量和NWP的准确率具有重大意义。

2.1.2 资料同化方法发展历程

资料同化技术从20世纪50—60年代开始发展起来,最初的同化方法例如逐步订正SCM(Method of Successive Corrections)是依靠经验发展起来的,然后是以统计估计理论为基础发展起来的分析方法,由最小二乘法衍生出了最优插值OI(Optimal Interpolation)客观分析、三维变分3DVar(Three Dimensional Variation)、四维变分4DVar(Four Dimensional Variation,)和卡尔曼滤波KF(Kalman Filter)方法等(冷洪泽,2014;皇群博,2011)。这几种不同的方案都是根据方程(2.1)设计的,不同点在于将背景场和观测场相结合而产生分析场的方法不同(Eugenia,2005)(图2.1)。

SCM方法是最早应用于数值业务预报系统的同化方案,在分析时刻引入观测和给定的影响半径对背景场进行一次订正,订正后的分析场作为预报初值进行模式积分得到新的背景场,

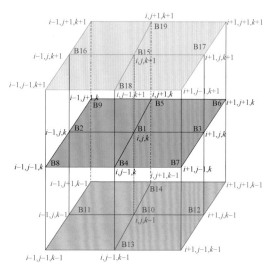

图 2.1　多源观测资料与数值预报网格示意

然后再次引入新的观测对其进行订正。SCM 方法在资料同化历史上第一次引入了背景场的概念。背景场可以使用气候平均值、短期预报值（3～12 h），或者是两者的结合。气候背景场是特定空格键位置上的状态变量在某一个给定季节的一系列长期观测的平均值。SCM 方法的权重是由经验获得的，是一个网格点与观测点之间距离的函数。

OI 方法是继 SCM 方法之后应用于业务预报系统的另一种客观分析方法，在 20 世纪 80 年代末广泛应用于数值业务预报。与 SCM 方法使用经验权重函数不同的是，OI 法的权重函数由方差最小化确定，得出统计意义上的最优解。此外，通过构造背景误差协方差，可以对状态变量实现附加动力学约束的变量分析。相比 SCM 方法，OI 具有显著的优点，分析和预报精度有明显提高。但是，OI 方法仅实现了局部的分析，并且 OI 方法要求观测变量和分析变量之间满足线性关系，因此，该方法同化非线性观测资料方面受到严重限制，例如缺乏对卫星红外高光谱等大量的新型遥感资料的直接同化能力（邹晓蕾，2009）。

为了解决 OI 方法存在的上述问题，20 世纪 90 年代初，变分同化方法（3DVar 和 4DVar）得到了快速发展和广泛应用，并逐渐取代原有的 OI 方法。变分同化方法基于最优控制理论，将资料同化转换为一个求解表征分析场及背景场之间偏差的目标函数极小化问题（Robert et al.，2005）。变分方法通过引入非线性观测算子摆脱了观测量和分析量之间需要存在线性关系的限制，使得同化卫星红外高光谱和微波等非常规资料成为可能。此外，变分同化进行的是三维空间的全局分析，避免了分析不是全局最优的问题，同时还可以把模式作为约束项进行求解，从而得到物理和动力学上与模式协调的初始场。3DVar 是在某一个时刻进行的分析，前一时刻的同化分析结果可作为后一时刻模式运行的初始场。3DVar 假设观测资料和模式状态变量处于同一时刻，无法使用后面时刻的观测资料来订正前面的结果，同化的解在时间上是同步连续的。

4DVar 是 3DVar 的推广，其采用的模型状态方程和观测算子都是相同的，只是 4DVar 与 3DVar 不同，可以同化一段时间窗口内的非同步观测资料，在目标函数中引入了数值预报模式，背景误差协方差随着时间推移产生隐式的变化（Lorenc，2010），能够应用于非线性相对较强的天气系统。最开始，变分同化的极小化过程是在模式空间进行的，其观测算子在模式格点的位置进行观测资料向模式格点位置的插值,当观测自由度较小时这种实现方式计算代价较大。后来发展了物理空间分析系统 PSAS(Physical Space Analysis System)方法,即 3DVar-PSAS,4DVar-PSAS,其极小化过程在观测空间实现,其观测算子将背景场信息插值到该观测所在的格点,当观测自由度比模式自由度小得多的时候,PSAS 可以在获得类似变分同化结果的同时大幅度减小计算量。变分同化方法的实现需要写代价较大的伴随模式,且预报误差协方差矩阵是在静止的前提条件下计算的,只对预报误差协方差矩阵 $\boldsymbol{P}^f$ 做一次估计。

KF 方法于 1960 年由数学家 Kalman(1950)提出,并在 20 世纪 60 年代中期首次被 Jones 引入气象学形成 KF 资料同化方法。与 4DVar 相比,KF 方法的优点在于:预报误差协方差矩阵 $\boldsymbol{P}^f$ 与预报模式密切相关,不同时间的预报误差协方差矩阵通过时间积分得到,不用写模式的伴随,理论上相比依赖伴随模式方向积分的 4DVar 能更方便地应用于真实大气中。但是 KF 方法需要额外计算一个预报误差协方差矩阵 $\boldsymbol{P}^f$,且计算该矩阵需要耗费大量的计算和存储开销。集合卡尔曼滤波 EnKF 方法,实现 K 个资料同化循环作为一个集合同时完成,使用集合的思想来近似估算预报误差协方差,同时也解决了 KF 中非线性近似的应用问题,避免了 4DVar 中的伴随模式的使用。这些优点促使了 EnKF 在理论和实际应用中得到人们的广泛认可和推广,目前加拿大环境部已将 EnKF 加入到业务系统中(Buehner et al.,2010)。

2.2 变分资料同化原理

变分同化的主要思想是定义一个表征背景场和观测场之间距离的目标泛函,并找到使这个目标泛函达到最小的分析场,最早由 Sasaki(1970)引入资料同化系统。本节从最大似然估计的角度推导出 3DVar,然后把 3DVar 推广到 4DVar,并指出其中相关要素与卫星红外高光谱资料同化的意义。

变分资料同化作为一种极具发展潜力的资料同化技术受到世界各国气象学家的重视,并得到充分的理论研究及技术发展。目前,变分资料同化方法已经成为世界资料同化的主流技术,是气象资料同化发展的主要方向。世界上主要的业务气象中心都已经发展三维变分同化或四维变分同化系统。

2.2.1 基础概念和假设

用列向量 x 表示模式的大气状态,称为状态向量。状态向量是现实状态的一个近似表示,其维数也即模式变量的维数。在分析时刻,现实状态的一个最可能的向量表示被称为真实状态 x_t。真实状态的先验估计称为背景场 x_b 的估计,也称为同化分析操作之前的第一猜值或者称为初猜值。状态向量的一个重要样本就是分析值或者称为分析场,用 x_a 表示,同化的目标就是求解分析值。在分析求解过程中,需要使用来自观测系统的一组观测值,这组观测值就构成观测向量 $\boldsymbol{y}$。

背景误差:给定背景场,其与真实状态之间的误差定义为背景误差 $\boldsymbol{\varepsilon}_b$,用式(2.1)表示:

$$\boldsymbol{\varepsilon}_b = \boldsymbol{x}_b - \boldsymbol{x}_t \tag{2.1}$$

背景误差由多种未知因素决定,每次误差值可能均不相同,且真实的误差也难以获取,由此转为应用其相关统计量,例如背景误差的期望平均值 $\overline{\boldsymbol{\varepsilon}_b}$ 与背景误差协方差 $\boldsymbol{B}$。$\boldsymbol{B}$ 的定义如下:

$$\boldsymbol{B} = \overline{(\boldsymbol{\varepsilon}_b - \overline{\boldsymbol{\varepsilon}_b})(\boldsymbol{\varepsilon}_b - \overline{\boldsymbol{\varepsilon}_b})^{\mathrm{T}}} \tag{2.2}$$

上标 T 表示转置。

定义 $\boldsymbol{H}$ 为观测算子,它能把分析/背景网格变量转换为观测变量 $\boldsymbol{y}$ 对应的物理量。例如,x 为温度,$\boldsymbol{y}$ 为红外高光谱辐射率,则 $\boldsymbol{H}$ 为辐射变换等式。由此,$\boldsymbol{y} = \boldsymbol{H}(\boldsymbol{x}_t) + \boldsymbol{\varepsilon}_o$,其中 $\boldsymbol{\varepsilon}_o$ 为观测误差。

观测误差:定义观测值 $\boldsymbol{y}$ 与真实状态投影到观测空间的向量 $\boldsymbol{h}(\boldsymbol{x}_t)$ 之间的偏差为 $\boldsymbol{\varepsilon}_o = \boldsymbol{y} - \boldsymbol{h}(\boldsymbol{x}_t)$,其期望平均值为 $\overline{\boldsymbol{\varepsilon}_o}$,观测误差协方差 $\boldsymbol{R}$。$\boldsymbol{R}$ 的定义如下:

$$\boldsymbol{R} = \overline{(\boldsymbol{\varepsilon}_o - \overline{\boldsymbol{\varepsilon}_o})(\boldsymbol{\varepsilon}_o - \overline{\boldsymbol{\varepsilon}_o})^{\mathrm{T}}} \tag{2.3}$$

分析误差:定义为分析值与真实状态之间的偏差,即

$$\boldsymbol{\varepsilon}_a = \boldsymbol{x}_a - \boldsymbol{x}_t \tag{2.4}$$

分析误差的期望平均中为 $\overline{\boldsymbol{\varepsilon}_a}$,分析误差协方差 $\boldsymbol{A}$。$\boldsymbol{A}$ 的定义如下:

$$\boldsymbol{A} = \overline{(\boldsymbol{\varepsilon}_a - \overline{\boldsymbol{\varepsilon}_a})(\boldsymbol{\varepsilon}_a - \overline{\boldsymbol{\varepsilon}_a})^{\mathrm{T}}} \tag{2.5}$$

资料同化求解分析场的过程是寻求最优分析状态,使得分析误差估计达到最小的过程。

资料同化方法的数学模型中,均假设背景误差与观测误差都是无偏的,且服从高斯分布。

整体上,资料同化是利用当前时刻的观测资料去订正预报模式得出的预报,以产生更接近当前时刻大气状态的分析场,并为下一时刻的模式预报提供准确的初始场(薛纪善,2009)。

$$\boldsymbol{x}_a = \boldsymbol{x}_b + K[\boldsymbol{y} - \boldsymbol{H}(\boldsymbol{x}_b)] \tag{2.6}$$

式中:分析变量 $\boldsymbol{x}_a$ 可以通过背景场 $\boldsymbol{x}_b$ 加上带权重 K 的更新向量也称为观测增量 $\boldsymbol{y} - \boldsymbol{H}(\boldsymbol{x}_b)$ 得到;K 是由估计的预报量和观测量的统计误差的协方差来决定的;观测算子 $\boldsymbol{H}$ 实现模式变量 x 到观测变量 $\boldsymbol{y}$ 的插值以及物理意义的转换;$\boldsymbol{H}(\boldsymbol{x}_b)$ 为由背景场模拟的第一猜值。

2.2.2 三维变分资料同化

三维变分中包含了多个重要的基础数学模型假设以及一些系统实现引入的假设,只有满足这些假定的前提条件,方法才准确有效。

第一个假设:观测资料 $\boldsymbol{y}$,背景场 $\boldsymbol{x}_b$ 的概率分布函数服从高斯分布,则在已知观测值和背景场的条件下真实状态的可能性可以表示为:

$$P_B(\boldsymbol{x}_b \mid \boldsymbol{x}) = \frac{1}{(2\pi)^{n/2} |\boldsymbol{B}|^{1/2}} \exp\left[-\frac{1}{2}(\boldsymbol{x}_b - \boldsymbol{x})^{\mathrm{T}} \boldsymbol{B}^{-1}(\boldsymbol{x}_b - \boldsymbol{x})\right] \tag{2.7}$$

$$P_R(\boldsymbol{y} \mid \boldsymbol{x}) = \frac{1}{(2\pi)^{n/2} |R|^{1/2}} \exp\left[-\frac{1}{2}(\boldsymbol{y} - \boldsymbol{H}(\boldsymbol{x}))^{\mathrm{T}} \boldsymbol{B}^{-1}(\boldsymbol{y} - \boldsymbol{H}(\boldsymbol{x}))\right] \tag{2.8}$$

这一条假设要求观测资料 y 服从高斯分布,在同化卫星红外高光谱等观测资料时进行相

关的预处理,剔除非高斯分布的观测资料,保留符合高斯模型的观测资料。

第二条假设:观测资料与背景场是相互独立的,则后验状态的概率分布函数为它们的联合概率密度函数:

$$P(\boldsymbol{x}_b, \boldsymbol{y} | \boldsymbol{x}) = P_B(\boldsymbol{x}_b | \boldsymbol{x}) \cdot P_R(\boldsymbol{y} | \boldsymbol{x})$$

$$= c \cdot \exp\left[-\frac{1}{2}(\boldsymbol{x}_b - \boldsymbol{x})^{\mathrm{T}} \boldsymbol{B}^{-1}(\boldsymbol{x}_b - \boldsymbol{x}) - \frac{1}{2}(\boldsymbol{y} - \boldsymbol{H}(\boldsymbol{x}))^{\mathrm{T}} R^{-1}(\boldsymbol{y} - \boldsymbol{H}(\boldsymbol{x})) \right]$$

(2.9)

式中:c 表示系数。最大概率出现的大气状态(分析场)就是使得联合概率达到最大的状态 $\boldsymbol{x}$。将(2.9)式两边取负对数,得到一个关于 $\boldsymbol{x}$ 的目标函数或者称为代价函数:

$$\boldsymbol{J}(\boldsymbol{x}) = \boldsymbol{J}_b(\boldsymbol{x}) + \boldsymbol{J}_o(\boldsymbol{x})$$

$$= \frac{1}{2}(\boldsymbol{x}_b - \boldsymbol{x})^{\mathrm{T}} \boldsymbol{B}^{-1}(\boldsymbol{x}_b - \boldsymbol{x}) + \frac{1}{2}[\boldsymbol{y} - \boldsymbol{H}(\boldsymbol{x})]^{\mathrm{T}} R^{-1}[\boldsymbol{y} - \boldsymbol{H}(\boldsymbol{x})]$$

(2.10)

式中,背景场项 $\boldsymbol{J}_b(\boldsymbol{x})$ 和观测场项 $\boldsymbol{J}_o(\boldsymbol{x})$ 分别表示分析对背景场和观测场的拟合程度。当 $\boldsymbol{J}(\boldsymbol{x})$ 达到极小值时,(2.9)式表示的联合概率密度将达到极大值,因此求联合概率密度极大值的问题可以转换为求 $\boldsymbol{J}(\boldsymbol{x})$ 极小化的问题。高斯分布假设条件下的后验模式状态概率分布函数的最大似然估计与三维变分目标函数的极小化解是等价的。由此,三维变分的理论基础是统计中的最大似然估计(Kalnay,2002)。

代价函数 $\boldsymbol{J}(\boldsymbol{x})$ 是一个关于分析增量 $(\boldsymbol{x} - \boldsymbol{x}_b)$ 的二次型,求解二次型的极值可以通求解梯度目标函数对于 $\boldsymbol{x}$ 或者对于 $(\boldsymbol{x} - \boldsymbol{x}_b)$ 的梯度,$\nabla \boldsymbol{J}(\boldsymbol{x})$ 等于 0 时,状态变量 $\boldsymbol{x}$ 的数值即为分析值 $\boldsymbol{x}_a$。

对标量 $\boldsymbol{J}$ 关于向量 $\boldsymbol{x}$ 求偏导得到向量 $\nabla \boldsymbol{J}(\boldsymbol{x})$,$\nabla \boldsymbol{J}(\boldsymbol{x})$ 为关于 $\boldsymbol{x}$ 的梯度:

$$\nabla \boldsymbol{J}(\boldsymbol{x}) = \nabla \boldsymbol{J}_b(\boldsymbol{x}) + \nabla \boldsymbol{J}_o(\boldsymbol{x}) = \boldsymbol{B}^{-1}(\boldsymbol{x} - \boldsymbol{x}_b) + \mathbf{H}^{\mathrm{T}} R^{-1}[\boldsymbol{y} - \boldsymbol{H}(\boldsymbol{x})] \quad (2.11)$$

第三个假设:为了方便实现代价函数梯度的求解,假设分析是充分接近真实状态的,因此分析在观测空间的投影也是充分接近观测的。在 $\boldsymbol{x}_b$ 处对观测算子 $\boldsymbol{H}$ 进行线性近似:

$$\boldsymbol{H}(\boldsymbol{x}) = \boldsymbol{H}(\boldsymbol{x}_b + \boldsymbol{x} - \boldsymbol{x}_b) \approx \boldsymbol{H}(\boldsymbol{x}_b) + \mathbf{H}(\boldsymbol{x} - \boldsymbol{x}_b) \quad (2.12)$$

这里以及本书的其他部分,斜体的 $\boldsymbol{H}$ 表示观测算子,正体的 $\mathbf{H}$ 表示 $\boldsymbol{H}$ 的切线性近似,也称为雅可比矩阵。如果 $\boldsymbol{H}$ 是线性的,则 $\mathbf{H}$ 和 $\boldsymbol{H}$ 是相同的。如果 $\boldsymbol{H}$ 是非线性算子,例如 $\boldsymbol{H}$ 是红外高光谱辐射变换等式时,则 $\mathbf{H}$ 在 $\boldsymbol{x} = \boldsymbol{x}_a$ 处定义为 $\mathbf{H} = \partial \boldsymbol{H}(\boldsymbol{x}) / \partial \boldsymbol{x}$。从这里可以看出,该雅可比矩阵的元素由 $\boldsymbol{H}$ 关于 $\boldsymbol{x}$ 的偏导组成。在试图计算 $\mathbf{H}$ 时,无法预先知道 $\boldsymbol{x}_a$,所以通常使用背景场 $\boldsymbol{x}_b$ 来计算 $\boldsymbol{x}_a$。因此,如果假设 $\boldsymbol{x}_a$ 在 $\boldsymbol{x}_b$ 附近时,则可将 $\boldsymbol{H}(\boldsymbol{x})$ 在 $\boldsymbol{x} = \boldsymbol{x}_b$ 处泰勒展开,并取其前两项即可获得(2.12)式。将该表达式代入式(2.10),并对其关于 $\boldsymbol{x}$ 求导,则得到式(2.11)。

三维变分同化的原则就是要通过对目标函数式(2.10)及其梯度式(2.11)执行多次估计,来迭代地寻求解答。极小化过程的终止,可以通过人为设置有限的迭代次数,也可以通过梯度范数 $\| \nabla \boldsymbol{J}(\boldsymbol{x}) \|$ 在极小化过程中减小到某个量的限定来实现,后一种方法能够从本质上度量求得的分析值比初始值更接近最优的程度。

在 $\boldsymbol{J}$ 的极小值处,$\nabla \boldsymbol{J}(\boldsymbol{x}) = 0$。令式(2.11)中 $\nabla \boldsymbol{J}(\boldsymbol{x}) = 0$,并在加上和减去 $\mathbf{H}^{\mathrm{T}} R^{-1} \mathbf{H}(\boldsymbol{x} - \boldsymbol{x}_b)$ 之后,可以推导出:

$$(\mathbf{H}^{\mathrm{T}} R^{-1} \mathbf{H} + \boldsymbol{B}^{-1})(\boldsymbol{x} - \boldsymbol{x}_b) = \mathbf{H}^{\mathrm{T}} R^{-1}(\boldsymbol{y} - \boldsymbol{H}(\boldsymbol{x}) + \mathbf{H}(\boldsymbol{x} - \boldsymbol{x}_b)) \quad (2.13)$$

将式(2.12)应用于式(2.13)右项后,可以近似得到,

$$x_a - x_b = (\mathbf{H}^{\mathrm{T}} R^{-1} \mathbf{H} + \mathbf{B}^{-1})^{-1} \mathbf{H}^{\mathrm{T}} R^{-1} (y - \mathbf{H}(x_b)) \tag{2.14}$$

三维变分同化的是某个时刻的观测资料。x_b 和 x_a 分别对应规则网格 p 位置上预报(背景或先验)和分析的列向量。x_t 为由格点处各个变量的真值组成的向量,该向量长度 I。我们假设背景误差是无偏的,但可能是相关的。因此,$<\boldsymbol{\varepsilon}_b>=0$,且 $<\boldsymbol{\varepsilon}_b(\boldsymbol{\varepsilon}_b)^{\mathrm{T}}>=\boldsymbol{B}$ 是维度为 $I \times I$、对称正定的背景误差协方差矩阵。注意,本节中"$<>$"表示期望值,矩阵的正定表明其所有特征值都是正实数。

观测 y 为长度 L 的列向量。L 通常不等于 I,且 x 与 y 中的变量可能不相同。例如,同化红外高光谱资料时,x 中的变量可能为风和温度,y 中的变量为包含红外高光谱通道亮温/或辐射率。

2.2.3 四维变分资料同化

四维变分同化——将观测资料处理转化为以动力模式为约束的泛函极小化,其目的是通过调整控制变量,使指定时间窗口内由控制变量得到的模式预报结果与实际观测资料之间的偏差达到最小。四维变分同化能够将不同时刻、不同地区、不同性质的气象观测资料,包括最优插值客观分析很难应用的卫星、雷达等非常规观测资料作为一个整体同时进行考虑,从而得到与预报模式协调一致的初始场,如图 2.2 所示。

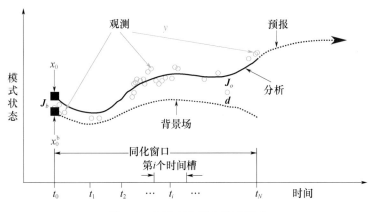

图 2.2 四维变分同化轨迹示意

4DVar 是 3DVar 的重要推广,它考虑观测资料在时间维 (t_0, t_n) 上的分布。其目标函数包括两个部分,第一项是度量初始时刻的背景场与分析场的差,第二项是在给定的时间区间内每一个预报时刻预报场的模拟观测与该时刻真实观测的差:

$$J[x(t_0)] = \frac{1}{2}[x(t_0) - x_b(t_0)]^{\mathrm{T}} \boldsymbol{B}_0^{-1}[x(t_0) - x_b(t_0)] + \frac{1}{2}\sum_{i=0}^{N}[\mathbf{H}(x_i) - y_i^0]^{\mathrm{T}} R_i[\mathbf{H}(x_i) - y_i^0]$$

$$\tag{2.15}$$

4DVar 的控制变量是模式的初始状态 $x(t_0)$,时间区间内其他时刻的分析由模式的积分 $x(t_n) = M_n(x(t_0))$ 给出,因此,使用预报模式作为强约束条件的四维变分资料同化所求得的分析场同时也满足模式方程。

需要指出的是,变分法是要找出使得目标泛函值达到极小的分析场,因此得到的分析场所

对应的目标泛函梯度为零。以 3DVar 为例，即：

$$\nabla J(\boldsymbol{x}) = \mathbf{B}^{-1}(\boldsymbol{x}-\boldsymbol{x}_b) + \mathbf{H}^{\mathrm{T}}R^{-1}\mathbf{H}(\boldsymbol{x}-\boldsymbol{x}_b) - \mathbf{H}^{\mathrm{T}}R^{-1}(\boldsymbol{y}_0 - \boldsymbol{H}(\boldsymbol{x}_b)) \tag{2.16}$$

当 $\nabla J(\boldsymbol{x}) = 0$ 时：

$$\boldsymbol{x}_a = \boldsymbol{x}_b + (B^{-1} + \mathbf{H}^{\mathrm{T}}R^{-1}\mathbf{H})^{-1}\mathbf{H}^{\mathrm{T}}R^{-1}(\boldsymbol{y}_0 - \boldsymbol{H}(\boldsymbol{x}_b)) \tag{2.17}$$

式(2.17)即为分析方程，它是目标泛函 $J(\boldsymbol{x})$ 的解。然而，在实际同化系统中并不使用上式来计算分析场 $\boldsymbol{x}_a$，而是通过共轭梯度法或准牛顿迭代法来直接迭代逼近 $J(\boldsymbol{x})$ 的极小值。

在实现技术上，四维变分同化与三维变分同化的最优化算法部分可以完全相同，两者的不同点在于四维变分同化需要考虑多个时段内的观测资料和模式场，因此需要在四维变分同化系统中引入正模式、切线性模式和伴随模式进行计算。但这同时也导致计算量迅速增长，是三维变分同化的几十倍甚至上百倍。

2.2.4 卫星红外高光谱资料同化基本框架

与飞机报、船舶报和站点探空观测等常规观测不同，卫星红外高光谱仪器探测的是大气顶辐射率和卫星微波温湿度探测以及 GPS 掩星观测等属于非常规观测。非常规观测数据并不是数值天气预报模式的状态变量(t,q,p,u,v,w)。为了实现卫星观测资料同化，需要将观测到的辐射率反算成同化系统的分析变量，或者将模式背景场的大气变量转换为与卫星特定通道相对应的辐射率。前者涉及卫星观测资料的反演，称为间接同化。这是一个欠定问题，需要引入一些背景信息来确定气象要素的分布，并不是一种理想的同化方法(薛纪善，2009)。后者称为直接同化，目前已成为同化卫星辐射率资料的主流方法，卫星红外高光谱资料同化基本框架如图 2.3 所示。在直接同化的过程中，被用来完成模式空间到观测空间转换以及模式变量

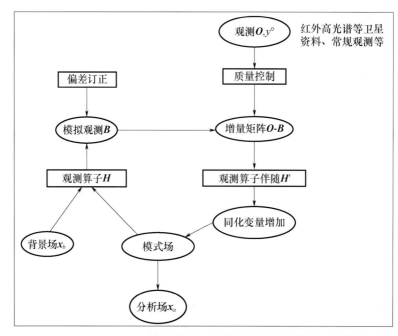

图 2.3 卫星红外高光谱资料同化基本框架

到观测变量转换的程序模块称为"观测算子",辐射传输模式 RTM(Radiative Transfer Model)作为观测算子 **H** 的重要组成部分,主要进行大气要素向大气层顶辐射率的转换。通过观测算子将模式背景场直接模拟成卫星红外高光谱辐射率等价的量即形成模拟的观测 **B**,建立了模式背景场 x_b 和卫星红外高光谱辐射率 **y** 之间的直接联系,构成观测增量矩阵 **O-B**,在代价函数极小化迭代中寻找最优解获得分析场 x_a,则完成卫星红外高光谱资料的同化过程。

2.3 常用资料同化系统介绍

用大气模式进行数值预报已有 60 多年的历史。在这 60 多年里,数值天气预报的整个领域得到了快速进展。由于计算机能力等客观条件的限制,我国中期数值预报业务起步较晚,但我国数值预报模式的研究在国际上一直处于较高水平。随着我国银河、天河、曙光、神威等高性能计算机的研制成功,中期数值预报业务取得了快速的发展,使我国一跃成为世界上能制作中期数值预报业务的少数国家之一。

在气象预报领域,当今最主要的手段是采用数值预报。进行数值预报的前提基础就是气象部门要选用一套,或是多套数学模式。以前我国采用的气象数学模型是借鉴欧洲气象局的框架,同时参考美国、日本的预报模式,如 MM5(the PSU/NCAR mesoscale model,version 5)(Dudhia,1998)和 WRF(the Weather Research and Forecasting)(Done,2004)这是两个当前国际上最流行的预报模式。在实际应用过程中,我国的气象研究人员发现,国外的计算模式在不同地区的预报准确程度是不一样的。近年来,非常规观测资料的引入以及观测资料分布不平衡等问题的日益凸显,给我国的数值天气预报带来了机遇与挑战。

2.3.1 YH4DVar 全球四维变分资料同化系统

2.3.1.1 YH4DVar 系统

早在"九五"期间,国防科技大学以宋君强院士为核心的数值天气预报团队建立起国防科技大学研发的第一代数值天气预报系统,以该系统为基础,基本确立了气象保障的业务体系,使气象保障手段发生了革命性的变化(曹小群 等,2014)。当时该业务资料同化系统采用的是20 世纪 80 年代发展起来的最优插值分析间歇资料同化系统,存在需要将卫星等非常规资料转化为模式变量使用等缺陷。随着探测技术的发展,"十五"期间总参气象局将全球气象资料的变分同化系统研制作为新一代数值天气预报系统最核心的内容,数值预报系统也逐步由3DVar 发展为 4DVar。2008 年,张卫民等将 4DVar 引入到全球中期数值预报业务系统中形成了高分辨率全球四维变分资料同化系统(YH4DVar),并于 2010 年 6 月实现业务化运行,通过引入全球范围的 ATOVS 卫星辐射率资料和实现对卫星观测资料的直接同化,使全球中期数值天气预报在北半球的可用预报时效提高了 1 d 左右(张卫民,2012)。

YH4DVar 在三维变分同化系统的基础上增加切线性/伴随模式发展而来,利用 WRFDA

的软件框架设计和实现能与全球谱模式配套使用的全球气象资料四维变分同化方法,采用了多分辨率增量变分同化框架(曹小群,2011)、小波背景场误差协方差模型(Zhang,2010)、卫星辐射率资料直接同化、切线性/伴随模式等技术、利用 Fortran90 程序设计语言、MPI/OpenMPI 混合并行计算实现。在 YH4DVar 中当引入新种类遥感数据时,需要在同化框架内研究和设计一系列新的模块,如新型观测数据预处理模块、质量控制模块,以及观测算子的正模式和切线性/伴随模式等。YH4DVar 系统目前具有同化红外高光谱、微波、散射计风场和掩星等多源卫星观测的同化能力,其框架关键技术描述如下。

YH4DVar 的分析变量直接定义为模式变量涡度、散度、温度和地面气压及比湿,垂直分层与模式分层完全一致,目标函数中的分析场 x_0 是由分析变量在空间网格上的分布组成。为了有效减少计算量,YH4DVar 采用多增量方法。在计算的组织上,同化系统分为外循环和内循环两个部分。外循环在 TL1279 分辨率下进行,主要由模式轨迹计算和更新向量计算两部分组成,模式轨迹计算直接采用非线性完全模式,更新向量是在与非线性模式相同的分辨率下进行计算。内循环完成最优化算法的迭代计算,主要由四维变分框架、切线性/伴随模式组成,3 层内循环迭代分别在较低分辨率(TL159/TL255/TL255)下进行,采用 12 h 连续模式状态("轨迹")附近进行线性化的切线性模式的伴随模式计算目标函数的梯度,极小化算法采用共轭梯度法。最内层循环低分辨率 TL159 的迭代能够为较高分辨率 TL255 的迭代提供有效的预处理,以减少迭代的次数。内循环的模式轨迹由 TL1279 模式轨迹插值得到,计算流程如图 2.4 所示。

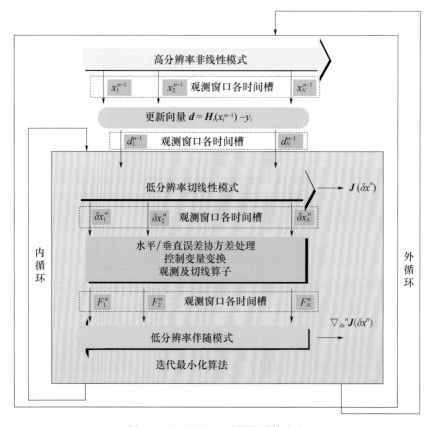

图 2.4　YH4DVar 系统的计算流程

2.3.1.2　YH4DVar2.5 同化多源卫星观测资料技术

张卫民带领数值天气预报团队研制了我国第一个全球气象资料四维变分同化和集合四维变分同化业务系统(YH4DVar2.5)，为我国的业务数值预报可用时效提高到 8 d 以上做出了突出贡献(张卫民，2022)。该同化系统具备多源卫星资料同化功能。在其同化框架内接入了快速辐射传输模式，开发了卫星资料筛选、变分偏差订正、变分质量控制等一系列关键技术，先后成功对国产自主"风云""云海""海洋"气象卫星、美国 NOAA、欧洲 METOP 卫星红外微波辐射率、无线电掩星弯曲角等资料实现了直接同化。

与常规观测不同，卫星观测的同化需要研究新的技术，否则很难改进分析场和预报场的质量。首先卫星观测数据基本上都不是模式量，因此在观测、传输、预处理和模拟过程中都会引入系统性的偏差。如果不将偏差的大小控制在观测误差水平之下，则通过同化卫星观测对数值预报产生正效果是不可能的。因此偏差订正是多源卫星观测数据气象水文同化中的关键技术之一。另外，由于采用二次型的目标泛函，因此通常假设观测误差是高斯分布的；而实际资料的统计结果表明，卫星观测资料中通常包含非高斯型的显著误差。显著误差的存在将导致非二次型目标函数，同时质量控制过程将剔除大部分好的观测资料，这是导致非常规资料同化中资料利用率低和同化效果不好的重要原因之一。因此与常规观测数据的同化方法不同，对每种卫星观测数据都需要发展卫星观测预处理和同化技术，图 2.5 中显示了 YH4DVar2.5 系统中的主要模块与部分即将实现的卫星观测同化技术。

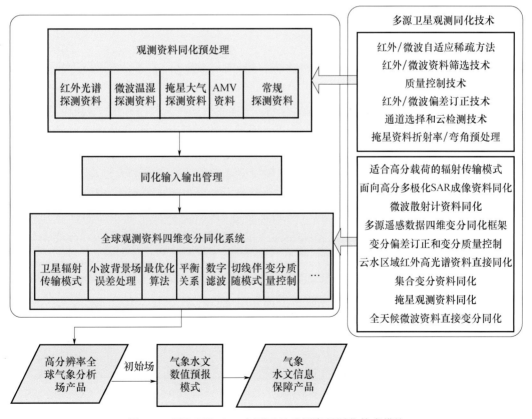

图 2.5　YH4DVar2.5 主要卫星观测资料同化技术模块

目前在 YH4DVar2.5 系统中研究和实现了一种能自动感知每个通道辐射率观测偏差变化,并对偏差参数进行相应调整的偏差订正技术。变分偏差订正关键技术的解决方案设计如下:首先,对不同种类卫星的不同类型的探测仪器定义不同的变分偏差订正模型,主要包括偏差预报因子和回归统计系数等;其次读入前一个同化时次生成的变分偏差订正系数文件;接着计算卫星观测资料的偏差量,在两个最小化过程中,将偏差模型中的参数作为控制变量的一部分,即同化过程中对偏差参数进行调整,并应用到常规观测资料和卫星观测资料同化中,从而影响和改善卫星资料同化效果。另外,在 YH4DVar2.5 系统中实现了观测数据的变分质量控制(Variational quality control,VarQC)技术。VarQC 以贝叶斯概率理论为基础,把显著误差纳入到观测误差中,使质量控制具备处理非高斯型误差性质的观测。VarQC 通过质量控制权重对目标函数观测项进行修正,从而将质量控制融入变分同化中。VarQC 是对观测和分析之间的距离的检验,如果资料与周围的资料很不一致就可以有效地拒绝该资料,不过在 VarQC 分析之前还需要作各种质量控制检验,其中背景场检验(BgQC)是最重要的。在 YH4DVar2.5 系统中对红外波段卫星观测数据实现了云检测算法。目前,大多数的数值天气预报系统主要集中在同化晴空辐射率。由于完全无云的卫星观测视场是非常稀少的(约 10%),对于多数地区而言,尽管存在云影响,但是有些通道对于云不敏感(如通道的权重函数完全位于云顶以上),如果能够检测出这些通道,则可有效提高卫星资料的利用率,也能避免潜在的可用信息的丢失。

2.3.2 GRAPES 资料同化系统

2001 年,中国启动了一个旨在开发新一代数值天气预报系统的研发项目,该系统称为全球和区域同化预报系统(Global/Regional Assimilation and Prediction System,GRAPES)(薛纪善 等,2003),2006 年实现了 3DVar 系统应用(薛纪善,2006)。GRAPES 是我国自行研制,具有自主知识产权的气象数学模型,它具体是由中国气象科学研究院数值预报研究中心开发的。开发具有能够处理卫星辐射率数据能力的变分同化系统是该项目的一个重要组成部分。GRAPES 3DVar 就是通过直接同化诸如卫星辐射率之类的非常规观测数据,来达到提高预报模式初始场的质量的目的。GRAPES 3DVar 系统采用与预报模式坐标相一致的垂直坐标,水平方向为 Arakawa-C 格点的经纬度网格的同化系统,其水平和垂直方向上的维数均可调整(庄世宇 等,2005)。用变量分离方法解决模式变量物理相关问题,即采用流函数,非平衡速度势、非平衡位势高度、相对湿度(或比湿)作为分析变量。在中高纬度使用地转关系,低纬度及赤道地区使用线性平衡关系作为质量场和风场之间平衡部分的约束关系(陈德辉 等,2006)。

GRAPES 3DVar 资料同化分析系统由三部分组成:

① 观测预处理模块,包括观测资料的检索和质量控制;

② 背景场预处理模块。同化的初始场可以是大尺度分析预报系统的分析产品,也可以由 GRAPES 模式 6 h 预报场提供。

③ 分析模块,GRAPES 3DVar 基本分析框架同化流程如图 2.6 所示。

2008 年,中国气象局数值预报中心启动 GRAPES 全球四维变分资料同化系统研发工作,研发团队与国防科技大学数值预报业务系统研发团队开展合作,共同开发 GRAPES 全球切线性模式和伴随模式的动力框架,攻坚 GRAPES 全球 4DVar 核心技术(薛纪善 等,2008)。2010

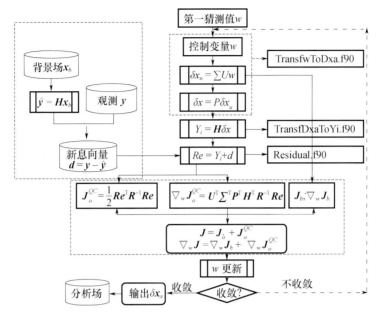

图 2.6　GRAPES 模式中三维变分同化系统流程(和杰,2016)

年底,中国气象局数值预报中心成功建立 GRAPES 全球 4DVar 第一个串行版本。但由于计算量巨大,服务器不堪重荷,后续研发工作难度较大。2013 年,研发团队在对核心模块进行大量优化的基础上,又基于当时最新版本的 GRAPES 全球预报模式,重新设计了 GRAPES 全球切线性模式和伴随模式,显著提高了计算效率。2014 年底,GRAPES 全球 4DVar 并行化工作完成,此后,研发进入快速推进阶段。2016 年,GRAPES 全球 3DVar 实现业务化运行。同年底,GRAPES 全球 4DVar 开始在实时环境下运行(刘艳 等,2016),其同化分系统的框架如图 2.7 所示。2017 年,数值预报中心对 GRAPES 全球 4DVar 开始进行为期一年的回算试验,意味着该系统进入实战检验阶段。试验结果显示,GRAPES 全球 4DVar 在观测数据的使用量上,较 GRAPES 全球 3DVar 提高了 50%,同化了更多高时间分辨率的观测资料(沈学顺 等,2017)。在观测数据分析质量方面,GRAPES 全球 4DVar 全面超越 3DVar(王金成 等,2017)。在降低误差方面,GRAPES 全球 4DVar 的 6 h 预报优于同时刻的 3DVar,其中南半球和热带的预报结果优势更为明显。在不同时效和不同变量的预报方面,GRAPES 全球 4DVar 都有改进,平均预报时效提高了 5 h,其中南半球达到 7~8 h。2018 年,GRAPES 全球 4DVar 在高性能计算机平台上开始进行业务平行试验,并于当年汛期正式进入业务化运行,实现了红外高光谱大气探测器、微波温度计、微波湿度计、卫星云导风、洋面散射计风等风云卫星高时空、高光谱分辨率观测数据的高效同化(王金成 等,2018)。2019 年,超强台风“利奇马”来袭,风云四号卫星与 GRAPES 数值预报系统“隔空互动”。其红外高光谱探测仪 GIIRS 启动加密观测,每 30 min 提供一次台风敏感区域大气温度和湿度垂直廓线数据。该数据 1 min 内进入 GRAPES 全球 4DVar,通过 GRAPES 全球切线性伴随模式运算,给出未来 48 h 影响我国东部区域预报的观测敏感区和目标观测区的高质量天气初值,为预报台风强度、路径提供可靠参考(韩威,2018)。

　　GRAPES 全球 4DVar 已经成为国家气象中心每日业务运行的全球气象观测资料同化系统。2017 年,中国气象局被正式认定为世界气象中心(北京),标志着我国气象业务服务的整

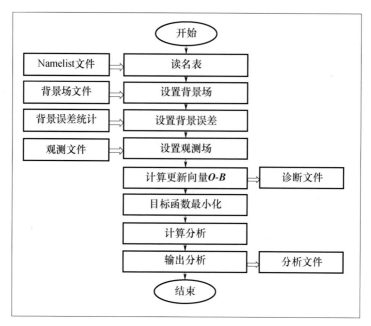

图 2.7　GRAPES 3DVar 分析系统的框架

体水平迈入世界先进行列。我国拥有自主知识产权的 GRAPES 全球数值预报技术，为履行世界气象中心职责，开展全球确定性数值天气预报、全球集合数值天气预报和仝球长期数值天气预报提供基础支撑。

2.3.3　WRFDA 资料同化系统

WRFDA 同化系统是 WRF 模式的主要模块之一，其三维变分同化模块于 2003 年 6 月首次发布，第二版于 2004 年 5 月发布。2004 年，WRF 将四维变分技术 4DVar 引入其同化模块，并将其同化模块更名为 WRF-Var。2008 年，混合变分集合算法加入 WRF 同化模块，同时被更名为 WRFDA(Barker et al.，2012)。三维变分技术在单次运算时不需考虑时间的推移，因此其较四维变分技术在计算资源有限的情况下性价比更高，并且其理论较为成熟，在业务系统上得到了普遍的使用。

2.3.3.1　WRF 模式系统结构

WRF 模式由 NCAR、NCEP 等多家科研机构共同研制和开发的，它在中尺度数值天气预报领域的应用比较广泛。WRF 模式是一种完全可压非静力模式，同时包含数据同化、大气模拟和数值天气预报的模式系统，对中尺度天气的模拟和预报有比较好的改善(Skamarock et al.，2008)。

WRF 模式具有灵活、易维护、可扩展等特点，其系统结构的模块化、结构化清晰。WRF 模式系统框架主要包括前处理、WRF 基础软件库和后处理三个部分，其中 WRF 基础软件库是其主要部分，包括动力求解方案、初始化模块、数据同化模块和物理过程等。具体系统结构流程图如图 2.8 所示。

在模式进行同化预报运行过程中，主要经过前处理(WPS)、同化模块(WRFDA)、动力求

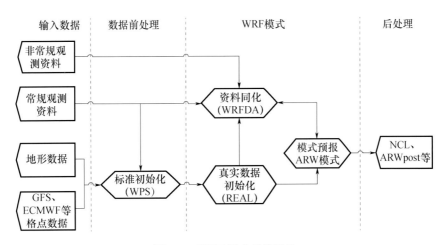

图 2.8　WRF 模式系统结构

解框架（ARW、NMM）以及后处理（Post-Processing&Visualization）四个模块过程，其中 WRFDA 同化模块系统作为核心的资料同化系统，将进行进一步详细介绍。

2.3.3.2　WRFDA 同化系统

WRFDA 是 WRF 模式的同化系统，WRFDA 变分同化系统使用增量同化技术，采用共轭梯度法进行极小化运算。在 WRFDA 系统中已经实现了三维变分同化系统（Barker et al.，2004）和四维变分同化系统（Huang et al.，2009）。WRFDA 同化过程先在 ArakawaA 网格进行同化分析，并将分析增量插值到 Arakawa C 网格上进行计算，并与背景场相加得到同化的分析场。其同化流程如图 2.9 所示。

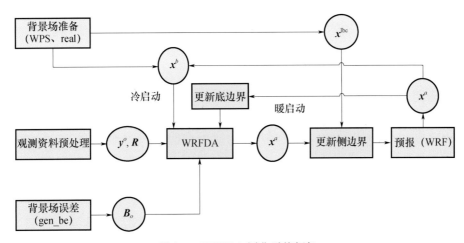

图 2.9　WRFDA 同化系统框架

图 2.9 中，方框表示 WRFDA 同化系统中程序运行模块，在该流程图中，同化系统所包含模块主要有 WRFDA 同化模块和边界更新模块，其中 WRFDA 同化模块将输入背景场、观测资料等相关资料进行同化得到同化分析场，为模式预报提供精确初始场；而边界更新模块用于更新模式侧边界和底边界，为 WRF 模式预报提供精确的边界场。

图 2.9 中圆圈中所述为同化和模式预报过程中相关的输入输出资料，其中 x^b 为背景场，

可通过 real 程序生成或采用 WRF 模式预报结果 x^f 作为背景场；y^o 为输入观测资料，包括常规观测资料和以卫星观测资料为代表的非常规观测资料，可读取资料格式包括 ASCII 格式或 PRERBUFR 格式文件，对于不能直接读取的观测资料，需要对观测资料进行预处理，要处理的卫星红外高光谱辐射资料将作为 y^o 的一部分接入同化系统；B 为背景偏差文件，R 为观测偏差，背景和观测偏差文件的正确性直接影响同化结果的准确性；而 WRFDA 输出 x^a 为分析场，是 WRFDA 同化系统同化背景场和观测所得结果；x^{lbx} 为侧边界，在 WRFDA 得出同化分析场后，可对侧边界进行更新。分析场 x^a 可作为模式预报的初始场，可加上更新后的侧边界场接入 WRF 模式中进行模式预报。

2.3.4 GSI 资料同化系统

格点统计插值（Gridpoint Statistical Interpolation，GSI）分析系统最初是由美国国家海洋和大气局（NOAA）、国家环境预报中心（NCEP）在其早期业务运行的波谱统计插值（Spectral Statistical Interpolation，SSI）分析系统的基础之上研发的下一代区域及全球数值预报的分析系统（Kleist et al.，2009），并分别于 2006 年 6 月和 2007 年 5 月运用在 NOAA 的北美区域资料同化系统（NDAS）和全球资料同化系统（GDAS）中，实现业务化运行（Zhu et al.，2008）。在此之后 GSI 也被先后应用在其他气象业务系统中，如美国国家航空航天局（NASA）的全球大气分析系统、NCEP 的实时中尺度分析系统（RTMA）、飓风模式（HWRF）、快速循环更新同化系统（RR）以及美国空军气象局（AFWA）的业务预报系统。它由最初的谱空间统计插值法转为物理空间的格点统计插值，由此可方便地进行并行计算，这也便于业务上的应用和推广。GSI 既可用于三维变分同化，也可选择使用四维变分同化、混合集合卡尔曼滤波同化，并可方便增加不同观测类型的数据。业务应用及科研结果均证实 GSI 同化系统除了能够同化常规观测资料之外，特别地是在同化各种非常规观测资料（包括来自 NOAA15、16、17、18、19 及 METOP、AQUA 等卫星的辐射率观测资料、AIRS 多通道大气红外辐射资料、雷达径向风资料及 GPS RO 无线电掩星观测资料等）方面的能力表现尤为突出，能为数值模式提供接近真实情况的初始场，从而进一步提升数值预报模式的准确度。

GSI 为处理迭代过程中非线性目标函数展开的复杂问题，在目标函数极小化过程中 GSI 默认采用两次外循环迭代过程来计算，第一次外循环的背景场为 6 h 预报结果，第二次外循环的背景场为上一次外循环的计算结果。如图 2.10 所示，每次外循环中又包含几十次内循环过程，内循环的主要作用有计算迭代过程中的搜索方向、计算在搜索方向的最优步长、运用非线性的向前模式、对数据资料作进一步的质量控制以及为下一次外循环提供初值等等。在其中将 3 h、6 h、9 h 或第二次外循环的预报结果进行插值，并计算目标函数，更新预报结果。在内循环结束时，将分析增量与前一次预报结果相加，对其进行更新。在内循环逐次采用非线性的共轭梯度算法，寻求目标函数的最优解。

目前 GSI 区域分析系统已与 WRF 模式中两种不同的动力框架（NMM 和 ARW）相联接，并有专门的数据接口分别与之配合，输入数据可以是 Binary 或 NetCDF 的数据格式，GSI 需要标准 NetCDF 数据库实现模式数据的输入输出，并通过调用 WRF I/O API 数据库读取以 NetCDF 数据格式存储的输出文件，同时使用 MPI 分布式并行计算环境以满足大规模计算的高效性。图 2.11 描述的是 GSI 同化系统的主要工作流程框架。其中圆圈表示输入输出数据，方框表示数据处理模块。其中背景场可由两种方式获得，一种是经过前处理模块得到，又称模式的冷启动过程；另一种是由上一次模式的预报结果提供，这种方式称为循环模式 (Cycling)，即模式的热启动过程。对于 GSI 同化系统，观测场资料须存为二进制通用气象数据格式，即 BUFR(Binary Universal Form for the Representation of meteorological data)，统计控制数据主要是背景误差协方差和观测误差协方差及与同化有关的参数信息。以上三部分的输入数据进入 GSI 同化模块，并由用户作调节设置，得到分析场 wrf_inout 及各种诊断结果。最后利用分析场和经由 WPS 模块得到的边界条件(wrfbdy)，更新模式区域的边界条件。最后将同化后得到分析场作为预报的初始场文件(wrfinput)，连同更新的边界条件，输入 WRF 预报模块进行模式的积分运算。

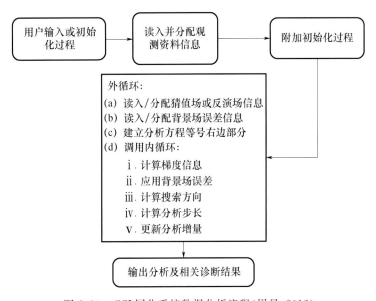

图 2.10　GSI 同化系统数据分析流程(周昊,2012)

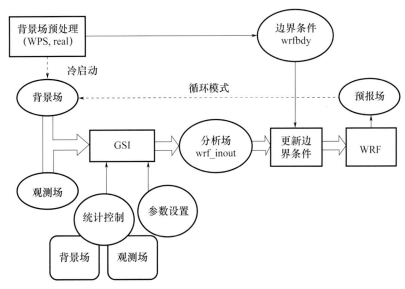

图 2.11　GSI 同化系统主要运行流程框架(周昊,2012)

2.4　卫星红外高光谱资料在 WRFDA 资料同化系统中的应用

2.4.1　卫星红外高光谱 IASI 资料在 WRFDA 中的同化流程

由于本书重点研究的是卫星红外高光谱资料同化,现将高光谱探测仪 IASI 的辐射率资料在 WRFDA 中同化流程进行简单介绍。

(1)统计背景误差协方差矩阵 $\boldsymbol{B}$

由于背景误差协方差矩阵 $\boldsymbol{B}$ 在三维变分同化中占有举足轻重的地位,它能对分析场产生决定性的影响。所以,在进行同化分析之前必须要对 $\boldsymbol{B}$ 进行精准的统计。常用的是美国NMC 统计方法(Parish et al. ,1992):使用同一时刻但是具有两个不相同的预报时长的预报场(即对于同一个时刻,分别进行 12 h 和 24 h 的预报)之差,作为预报误差的估计。通过统计台风发生当月中,这一个月内所有的预报误差,得到统计意义上的背景误差协方差矩阵 $\boldsymbol{B}$。

(2)生成同化所需的背景场 x_b

三维变分中同化所需的背景场,一般由分析时刻前 6 h 的预报场得到。将分析时刻 6 h前的 NCEP 再分析资料作为初始输入,通过 WRF 模式预报 6 h 后得到分析时刻的背景场。

(3)辐射传输模式

由于模式中的模式变量不是卫星观测的辐射率,而且模式空间网格点和观测空间中观测点的位置也不匹配。所以,在进行直接同化前必须先完成两个任务:①将模式格点插值到观测点上。②将模式变量转化为辐射率。那么辐射传输模式就担负起这样的任务。一方面,辐射传输模式能够将模式格点上的模式变量插值到观测空间中的观测点上;另一方面,辐射传输模式能够把模式变量转化为模拟 IASI 的辐射亮温。对于 IASI 来讲,目前最常用的辐射传输模式是欧洲中期天气预报中心开发的 RTTOV 和美国卫星资料同化联合中心发展的 CRTM 模式。

(4)IASI 资料的质量控制

对于 IASI 辐射率资料的质量控制,是资料同化中关键的一环。一个好的质量控制程序能够有效地去除错误数据,极大程度地保存有效的资料,使得资料同化系统有充足的有效数据改善分析场。

(5)IASI 观测资料的偏差订正

IASI 辐射亮温同化时,我们假设模拟的亮温值和实际的观测之间是无偏的。实际上,由于各种原因预报模式和观测系统均存在较大的系统性偏差,使得无偏差的假设不成立,就会直接影响同化效果。Kanamitsu 等(1996)和 Dee(2005)以通过偏差订正的方法消除偏差。

总之,要在 WRFDA 中完成同化实验需要各个部分之间紧密的配合,它们互为输入输出,形成一个环环相扣的整体。图 2.12 给出了同化 IASI 辐射率,完整的实验流程图。

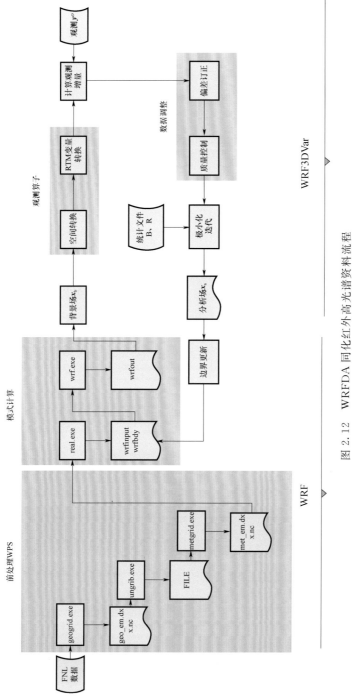

图 2.12　WRFDA 同化红外高光谱资料流程

2.4.2 卫星辐射率资料在 WRFDA 系统中框架结构

本节从系统设计的角度分析基于 WRFDA 的三维变分系统实现卫星红外高光谱辐射率资料同化的具体过程,如图 2.13 所示。

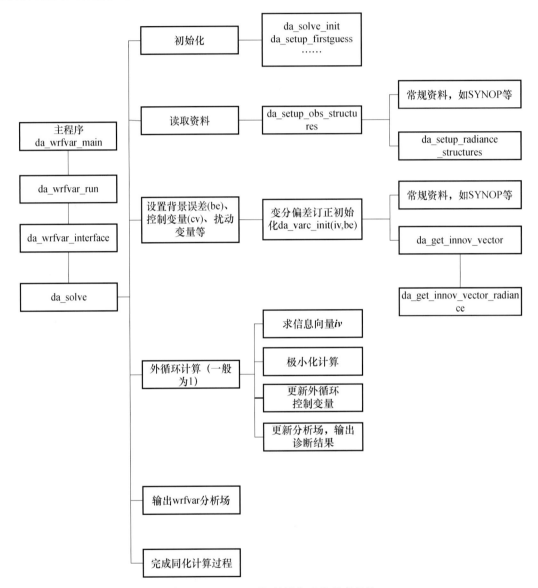

图 2.13 WRFDA 资料同化系统程序架构

首先将所有的子程序模块集成到一个主程序 da_wrfvar_main 中进行调用,随后进行并行框架、接口配置等操作,通过求解器 da_solve 进行变分同化求解。

进入 da_setup_firstguess,对背景场数据进行处理,计算同化用量,如总密度、气压及其扰动、水汽混合比转换、粗糙度等,通过常规观测算子计算地面量、可降水量等物理参数,同时准备以后计算要使用的背景误差协方差信息。

进入 da_setup_obs_structures,调用 da_get_time_slots 获得同化观测时次序列的时间槽信息(三维变分只有一次,四维变分则为多个时次参与),扫描观测文件信息并根据得到的维数和平台种类等信息初始化更新向量 *iv* 和观测向量 *ob* 数组结构。

若同化卫星观测资料,则先要利用观测算子 RTTOV 或 CRTM 进行正向模拟计算。进入 da_setup_radiance_structures 子程序,调用 da_radiance_init 为辐射率资料初始化 RTTOV 及更新向量,定义卫星传感器编号 nsensor＝rtminit_nsensor(rtminit_nsensor 为 RTTOV 软件内部定义的卫星传感器编号),使用的五种仪器(AIRS、IASI、CrIS、GIIRS 和 HIRAS)的 RTTOV 编号如表 2.1 所示。随后初始化读取预先准备好的 radiance_info 文件,进行所要使用的通道检查,获取通道观测误差等信息;初始化 rttov 接口,da_rttov_init 读取系数文件、设置通道索引等,完成卫星资料同化的前期初始化工作。

表 2.1 RTTOV 中卫星红外高光谱平台和仪器编号设置

仪器名称	卫星平台	卫星 ID	传感器 ID	传感器通道编号|RTTOV 编号
IASI	10	1	16	1～8461|1～8461
	10	2	16	
	10	3	16	
AIRS	9	1	11	1～2378|1～2378
CrIS	17	1	27	1～1305|1～1305
	1	20	27	1～1305|1～1305
GIIRS	52	1	98	1～1650|1～1650
HIRAS	23	4	97	1～1369|1～1369

在 da_setup_radiance_structures 中,进入 da_read_obs_bufrtovs 读取 bufr 格式的 L1 辐射率资料(直接传递文件名 xxx. bufr),并对资料进行一些质量控制,根据各种读到的信息以及 namelist 传递的信息用 da_allocate_rad_iv 初始化卫星资料 *iv* 结构,并在 da_initialize_rad_*iv* 中对卫星资料 *iv* 向量赋值,而输入空间及伴随空间则置零,到此还完成了稀疏过程。之后调用 da_sort_rad 对各种传感器资料对应各时次进行分类,做法是:一开始每种传感器资料把包括所有时次的所有可用资料信息分别以一维形式存在 iv％instid(i)％下,每种传感器廓线数 iv％instid(i)％num_rad,如果 3DVar(或 num_fgat_time＝1),把每种传感器廓线数赋给存储位置(也可以说存储长度)iv％instid(i)％info％plocal(1),而把所有传感器存储长度(即资料数组大小)累加给 iv％info(radiance)％plocal(1),至此此种传感器就已经按时次排好序了,然后遍历其他 sensor 的资料重复排序过程。遍历完所有传感器,则 iv％info(radiance)％plocal(:)中存的是每个时次参与同化的所有传感器的资料总量(或存储位置)。跳出 da_sort_rad,回到 da_setup_radiance_structures,设置观测向量数据结构 ob％instid(i),是一种局部性数据结构,只参与同化,与全局结构 iv％instid(i)比起来维数小得多。

跳出 da_setup_radiance_structures,返回 da_setup_obs_structures,总结所有观测资料的信息并输出到屏幕和文件,跳出 da_setup_obs_structures。同时通过 da_setup_background_errors 设置背景误差协方差 *B* 矩阵信息。完成返回 da_solve。

如果基于 RTTOV 或 CRTM 进行卫星资料同化且选择了变分偏差订正方案,则通过调用 da_varbc_init 设置观测偏差订正,从文件 VARBC.in 读入与 platform-satid-sensor 相对应的 varbc 信息并统计使用 varbc 的通道数,然后设置 varbc 热启动参数。跳出 da_varbc_init,返回 da_solve。

进入 da_get_innov_vector,计算背景残差(O-B),具体细节如下:在每次循环中对所支持的所有资料进行遍历计算残差信息,以常规自动气象站观测资料 synop 为例,若同化系统检测到了 synop 资料,调用 da_get_innov_vector_synop(其他资料类似,只是程序名后缀不同),依据当前时次 synop 资料数分配模式的 u、v、t、p、q 数组空间并置 0,若外循环数大于 1,ouutloop>1,则重置 iv％synop％u,v,t,p,q％qc 为 0,否则把模式背景场数据中的 u、v、t、q、slp 插值到 synop 空间,并与 synop 观测(ob 结构中)计算背景残差(O-B),并计算总数据量、使用数据量和失败数据量。

如果需要同化卫星观测资料,则调用 da_get_innov_vector_radiance,计算 $d = y - H(x) - B_c$。具体细节如下:

第一步:计算 $y - H(x)$。进入 da_get_innov_vector_rttov,将模式格点位置上的大气场变量插值到卫星观测位置上,发射率数据集获取所需的地表发射率等物理参数,填充快速辐射传输模式 RTTOV 模式的输入量数组(温度、湿度、臭氧等),随后调用 da_rttov_direct 正向计算模拟的辐射率,并计算背景残差 iv％instid(inst)％tb_inv(:,:)。

第二步:计算偏差订正量 B_c。分为两种情况,如果冷启动则由 da_varbc_direct 完成 $d = y - H(x) - B_c$ 的计算,其中 $B_c = \sum_{i=1}^{np\,red} \beta_i p_i$,$\beta_i$ 为变分偏差订正参数,p_i 为偏差因子;否则进入 da_biascorr 计算 d,此时 $B_c = B_{scan} + B_{air}$,其中 B_{scan} 为扫描偏差,B_{air} 为气团偏差。

第三步:辐射率质量控制。进入 da_qc_rad,分别对各种传感器资料进行质量控制,如 Metop-A 红外高光谱 IASI,则进入 da_qc_iasi,完成后回到 da_get_innov_vector_radiance。

采用变分偏差订正方案且为第一次外循环,则接下来对变分偏差订正做预处理计算:进入 da_varbc_precond,计算 Hessian 并使用 EOF 方法求逆。

至此完成更新向量的计算,跳出 da_get_innov_vector_radiance,返回到 da_solve。

进入 da_calculate_j 计算目标函数值和梯度信息。同化卫星资料则调用 da_jo_and_grady_rad,把所有卫星资料目标泛函汇总到 jo_radiance 中,之后调用 da_calculate_grady_rad 计算梯度信息 $\nabla_w J(w)$,完成返回上层 da_calculate_j。同时计算目标函数中 j_b、j_c、j_e 项及梯度信息。

接下来常规分析增量在 da_transform_vtox 中直接得出,da_transfer_xtoxa 则计算非常规分析增量,最后再进行一些计算结果输出,跳出 da_solve,再跳出 da_wrfvar_interface,再跳出 da_wrfvar_run,回到 da_wrfvar_main,进入 da_wrfvar_finalize,输出最终的 wrfda 分析场。至此,结束同化计算的整个过程。

第 3 章
卫星红外高光谱数据产品特征及
关键预处理技术

3.1　AIRS 仪器参数及其观测资料预处理

3.1.1　AIRS 观测数据特征

根据美国于 1992 年发起的地球科学事业(ESE)项目计划安排,需要研制并发射地球观测系列卫星(EOS)。大气红外高光谱探测仪(AIRS)作为 EOS 中 Aqua 卫星上的重要载荷,AIRS 探测系统是 Aqua 卫星平台上的重要探测载荷,其由大气红外探测器(AIRS)、高级微波探测器-A(AMSU-A)以及微波水汽探测器(HSB)组成(Aumann et al. ,2003),在大气物理参数的监测方面发挥了重要作用。该系统仪器间相互补充配合可得到高精度全球范围内温度,湿度和云的三维分布。在对流层内,其温度廓线探测精度为 1 K/km,这与地面观测站释放的无线电探空仪的探测精度相当。在平流层至 40 km 海拔高度之间,温度廓线探测精度为 4 K/km。与温度廓线相结合,AIRS 探测系统的湿度廓线探测精度在对流层下层为 10%,在对流层中上层为 50%(Edward et al. ,2013)。AIRS 探测系统能够迅速获取全球范围内的大气廓线,这是地面探空所无法比拟的。另外,该系统还能提供一些痕量气体的垂直廓线和密度。AIRS 系统上述特点对提高天气预报质量起到了重要的支撑作用。同时该系统也成为研究地球海气耦合、能量收支平衡的主要观测系统(张雪慧,2009)。

大气红外探测器 AIRS 是 AIRS/AMSU-A/HSB 探测系统的关键仪器,对提高探测精度和垂直分辨率起到至关重要的作用。它采用跨轨摆扫的方式对与卫星运动轨道垂直的地球表面进行探测,光谱覆盖范围为 3.74~15.40 μm,分为三个频段:短波 3.74~4.61 μm、中波 6.20~8.22 μm、长波 8.80~15.40 μm,图 3.1 为美国标准大气晴空模拟的 AIRS 亮度温度谱。在 AIRS 的观测部位装有光栅分光镜,可以对光谱进行精细采样,光谱分辨率为 1086~1570($\lambda/\Delta\lambda$),平均为 1200。AIRS 通过光栅分光可得到 2378 个红外光谱通道,由于通道故障和噪声较高等原因,目前有 2047 个通道可以正常工作。

AIRS 每次横向摆扫的周期为 2.667 s,扫描角度为 $\pm49.5°$,扫描幅宽 1650 km。摆扫一次可得到 90 个瞬时视场(FOV),这 90 个 FOV 组成一条扫描线。与此同时,探测器还对朝向和背向地球的宇宙深空辐射进行测量,目的是提供辐射率和光谱的定标值。因此,AIRS 的每个扫描周期可获得 94 个 FOV(其中 4 个 FOV 为宇宙定标观测)。AIRS 观测的一个景由 135 条扫描线组成,而每天 AIRS 通过 240 个景来覆盖全球范围的观测。图 3.2 为 2013 年 11 月 8 日 AIRS 升景、降景以及极地区域观测景的分布情况。

AIRS 对地摆扫观测时每隔 1.1° 获取一个 FOV,星下点的水平空间分辨率为 13.5 km,垂直分辨率为 1 km。另外,卫星上各个有效载荷都在同时对地观测,它们的观测视场在空间上发生重叠,具体如图 3.3 所示。图 3.3b 给出了 2002 年 9 月 6 日图 3.3a 中红圈所对应的 AIRS/AMSU-A/HSB 观测视场。其中最外围的黑色圆形区域为 AMSU-A 的观测视场,在这个观测视场内,包含了 9 个 AIRS 的观测视场(3×3)、9 个 HSB 的观测视场(3×3),分别用 9 种颜色来表示。在每个 AIRS 视场内,包含了 72 个可见光/近红外像素,图中表现为 9×8 的四边形。综上所述,每个 AIRS 景中包含 45 条 AMSU-A 扫描线,每条扫描线包含 30 个 AMSU-A 的 FOV。图 3.3c 显示了 2002 年 9 月 6 日第 209 景中 AMSU-A FOV 的分布情况。

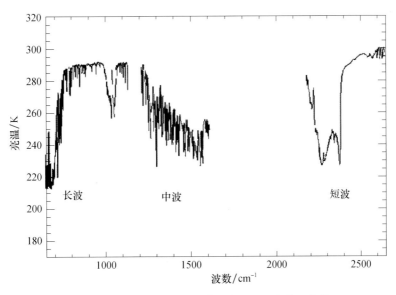

图 3.1   美国标准大气晴空模拟的 AIRS 亮度温度谱

(Edward et al.,2013)

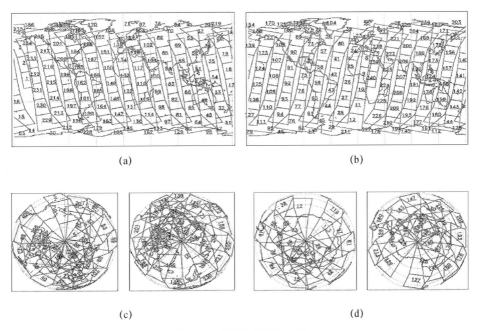

图 3.2   AIRS 观测景分布

(a)升景;(b)降景;(c)北极区域;(d)南极区域

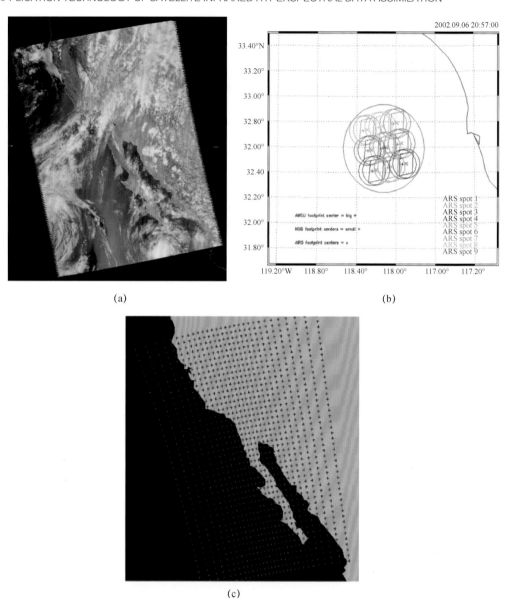

(a)   (b)

(c)

图 3.3　AIRS FOV 间几何关系(Edward et al.,2013)

(a)红圈标识一个 AIRS/AMSU-A/HSBFOV；(b)各个有效载荷 FOV 的几何关系；

(c)一个 AIRS 景中 AMSU-A FOV 分布

3.1.2　AIRS 观测资料预处理流程及同化资料的生成

　　AIRS 将在轨观测到的辐射率数据以 1.2 M/s 的下行带宽向地面接收站传输,在地面站收集并做简单的整理之后,发往美国戈达德空间飞行中心数据存档中心(GSFC DAAC)的 AIRS 科学处理系统(SPS),正式进行 AIRS 观测资料处理。SPS 由一系列不同阶段的产品生成执行程序(PGEs)组成,这些 PGEs 处理原始、低级的 AIRS 数据并最终获取大气温度、湿度垂直廓线、云分布等高级产品。

AIRSPGEs 可将数据处理分为四个阶段:Level 1A(L1A)、Level 1B(L1B)、Level 2(L2)和 Level 3(L3)。每一个处理阶段都会产生更高级的产品,L1A 和 L1B 是经过校准和地理定位的辐射数据。L2 是温湿廓线以及云和地表特性产品。L3 通过 L2 产品生成日平均,8 d 平均和月平均的格点升、降轨产品。其他探测仪器,如 HSB、AMSU-A 的数据也遵循同样的处理流程(图 3.4)。

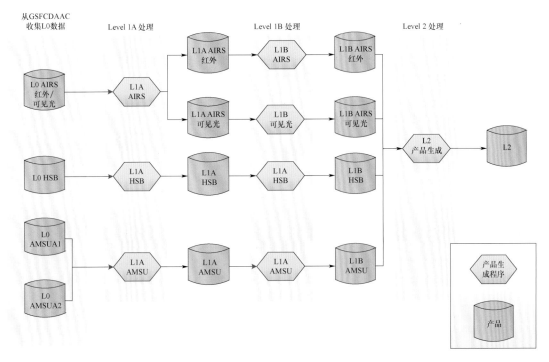

图 3.4　AIRS/AMSU-A/HSB 探测资料在 SPS 中的处理流程(Level 1A～Level 2)

WMO 自 1988 年开始采用气象数据通用二进制格式 BUFR 作为同化业务运行时观测资料的标准格式。到目前为止,该格式广泛用于观测数据的表示和交换,并被包括美国 NCEP 在内的全球各大气象业务中心作为存档各类观测数据的格式使用。NCEP 每天分四个时次对外发布以 BUFR 格式编码的全球实时观测资料,这四个时次分别为 00 时、06 时、12 时和 18 时。同时,NCEP 还根据不同的观测类型、观测仪器将每种观测资料编码为独立的文件对外发布,目前绝大多数资料同化系统均使用其发布的 BUFR 格式观测资料。图 3.5 为全球观测资料传输至 NCEP,并在 NCEP 中处理的流程(图 3.5)。

第一步:全球各种类型观测资料都要传输至 NCEP 业务中心进行处理。如:①全球电信系统(GTS)收集全球范围内的常规观测资料,发送至美国国家天气局电信运营中心(NWSTG/TOC),再由运营中心的本地数据管理系统(LDM)和 NCEP 通信线路(TNC)将常规观测资料传输到 NCEP 业务中心(NCO);②全球系统处(GSD)和天气雷达业务中心(Radar ROC)将地面中尺度观测网资料和雷达资料传输到 NCO;③美国国家环境卫星数据和信息服务局(NESDIS)将卫星探测资料通过 FTP 传输到 NCO。

第二步:当观测数据传输到 NCO 后,产品管理程序(PMB)会收集、检索除卫星资料以外的观测资料,并传向解码程序(SIB)进行解码。

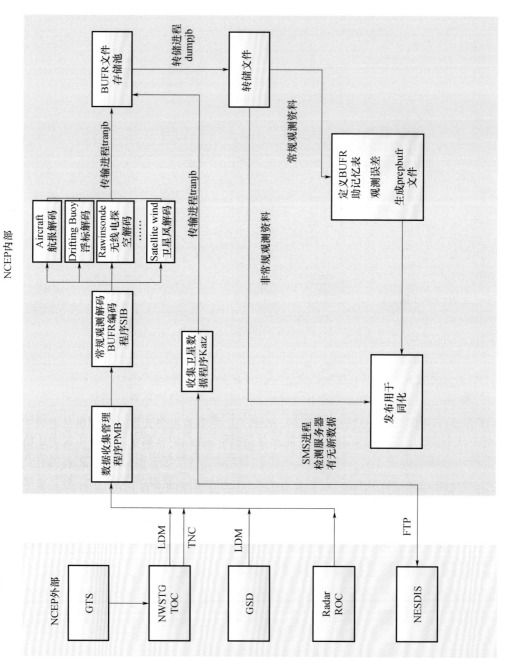

图 3.5　AIRS 观测数据在 NCEP 观测资料系统中处理流程

第三步:解码程序(SIB)将观测数据从其各自自身格式加以解码,并最终统一编码为 BU-FR 格式。用到的解码器有 Aircraft、Drifting Buoy、Rawinsonde、Satellite wind 等。

第四步:卫星观测资料通过 NCO 的"Katz"脚本加以获取和整理,并重新编码为 BUFR 格式。tranjb 进程将所有生成的 BUFR 文件统一存储在一个合适的存储池中。

第五步:通过 dumpjb 进程生成转储文件(Dump Files),并将其分为常规观测和非常规观测两类。对于非常规观测资料,可以直接用于同化系统,而对于常规观测资料,需要预先定义和生成 BUFR 助记忆符号表、全球背景场和观测误差等信息,才能发布用于同化系统。

对于 AIRS 资料而言,在 GSFC DAAC 将低级资料处理为 Level 1B 资料之后,随即传输至 NESDIS 的服务器上。在 NCO 内部,AIRS Level 1B 资料经过重新编码和通道选择,以每个时次包含 281 个通道的 BUFR 文件对外发布。

3.2 IASI 仪器参数

2006 年 10 月,欧洲第 1 颗极轨卫星 METOP-A 发射成功,填补了欧洲多年来无极轨气象卫星的空白。IASI 是 METOP-A 上的关键仪器之一,也是最先进的仪器之一。它是继 2002 年美国 NASA/Aqua 卫星装载的高光谱仪器 AIRS 在轨运行之后的一个超高光谱大气探测器。因其对大气温湿廓线、大气化学成分遥感前所未有的高精度和高分辨率,成为目前各国学者研究的又一热点。IASI 是一个基于迈克尔逊干涉仪且附有一个成像系统的傅里叶变换光谱仪,它能获得全球大气温湿廓线的高精度高光谱分辨率资料来提高天气预报准确性,同时能够提供大气不同成分的数据资料,利于人们进一步了解大气过程和大气化学、气候和大气污染的相互作用。另外,IASI 还下发晴空条件下地表发射率和海表面温度的数据资料。

IASI 数据产品根据国际卫星对地观测委员会(Committee on Earth Observation Satel-lites,CEOS)的标准划分。IASI 数据产品分级如下。

L0:IASI 仪器测量的原始数据,包括未定标的光谱和相应的未定标图像,还有定标的图像,验证用数据以及进一步处理所必需的辅助数据。

L1A:未进行切趾方法校准的光谱和相应的图像,这一步包括数据解码,辐射定标,光谱定标,IASI/AVHRR 通过 IASI 图像融合,地理定位和时间确定。

L1B:对 L1A 重采样。

L1C:对 L1B 数据切趾过滤获得仪器波谱响应函数。这一步还包括在 IASI 像元上分析 AVHRR 辐射率。

L2A:由 IASI 数据反演得到的地表特性产品,包括温度廓线、湿度廓线、地表温度、痕量气体分布及云参数等。

L2B:由 IASI 和 METOP 其他仪器数据经联合处理获得的地表特性产品。这些产品可能和 L2A 有相似性,但比 L2A 精度和分辨率高。

L3：将数差分到格点上以及得到时间平均后的地表产品数据。

L4：多传感器产品，例如由气象或化学传输模式同化的结果。IASI 使用 OPS（业务软件）来处理数据，OPS 大约由 50 个依次运行的算法组成，主要目的是加工处理 IASI L0 数据，OPS 生成 IASI L1A、L1B 和 L1C 数据。图 3.6 是 IASI 数据产品的简单流程图。

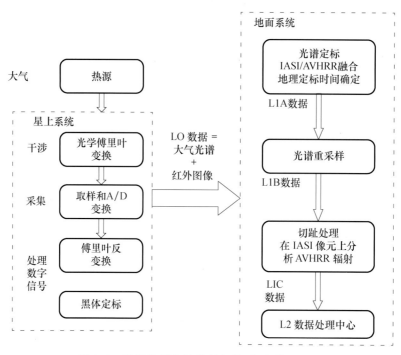

图 3.6　IASI 数据产品处理流程（张磊 等，2008）

傅里叶变换红外光谱技术（FTIR）发展非常迅速，FTIR 光谱仪的更新换代很快。由于傅立叶红外光谱仪具有信号多路传输、辐射通量大、高分辨率以及极高的波数精度等优点，已成为高分辨率红外遥感仪器采用的主流技术。IASI 和 AIRS 都属于 FTIR 光谱仪。而由于 IASI 采用干涉分光，比采用光栅分光的 AIRS 具有更多优势，比如高光通量、资料预处理和反演当中的随机误差容易订正等。

3.3　CrIS 数据产品

CrIS 是美国国家海洋和大气管理局（NOAA）的第一个高光谱红外传感器，2011 年 10 月 28 日，由美国对地观测卫星 Suomi-NPP 搭载升空，代表了 NOAA 自 1970 年成立以来的首次技术改变。Suomi-NPP 设计寿命为 5 a，轨道高度 824 km，轨道角度为 98.7°，一般在下午 13:30—14:00 过境，一天可以绕地球 14 次。其上搭载了臭氧剖面制图仪、高级微波探测器、可见光/红外辐射成像仪、云和地球辐射能量系统和红外探测器。红外探测器 CrIS 的主要探测任务是为天气、气候应用提供更加精确的大气信息资料,是 AIRS 的延续(陆宁,2015)。

红外大气干涉探测仪的数据采取分级制,向不同的用户提供不同的数据产品。IASI 的数据分为 L0、L1A、L1B 和 L1C 四个等级,而 CrIS 的数据分为原始数据(RDR)、传感器数据(SDR)和环境数据(EDR)三个级别。RDR 数据是指从卫星下传的未经标定的干涉图数据;SDR 数据是指经过傅里叶反变换的标定的红外辐射光谱数据,经过辐射定标和几何校正的辐射数据,包含了相应的地理数据,如经纬度、卫星和太阳的天顶角和方位角等信息;SDR 数据经过气象学反演算法处理可以得到 EDR 数据,即全球范围内大气温度、湿度和气压垂直廓线的标准产品(徐博明,2005)。

中国风云卫星的数据等级与美国 NOAA 的数据等级有着一定的对应关系:0 级数据,相当于 NOAA 定义的原始数据(RDR);1 级数据,相当于 NOAA 定义的仪器资料数据(SDR);2 级、3 级数据,相当于 NOAA 定义的环境资料数据(EDR)。

3.4 红外高光谱 GIIRS 数据产品特征

GIIRS 数据产品分为 4 级,包括:0 级数据(由地面站接收并进行质量检测、解码等处理)、1 级数据(由 0 级数据经过辐射定标、几何校正等预处理)、2 级和 3 级产品(由 1 级数据经过产品进行生产得到日、月、旬等大气产品)。

根据从国家卫星气象中心下载的 GIIRS L1 级辐射率产品,GIIRS 数据在 2 h 的观测周期内的扫描区域如图 3.7a 所示。在一个观测周期内,包含 7 条扫描带(T1-T7),若非加密观测,GIIRS 每日在大致固定的时间段观测每条扫描带。每一条扫描带包含 60 个驻留点(图 3.7b),每个驻留点包含 32×4 排列的 128 个像元,每一列 32 个像元扫描顺序为自北向南(图 3.7c),每个像元的观测视场为 120 μm/448 μrad,对应星下点地面瞬时视场大小为 16 km,南北方向像元之间间隔 34 μm,对应地面距离为 4.44 km,东西方向像元间隔为 120 μrad,对应地面距离为 16 km。

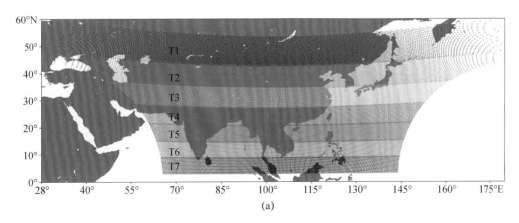

(a)

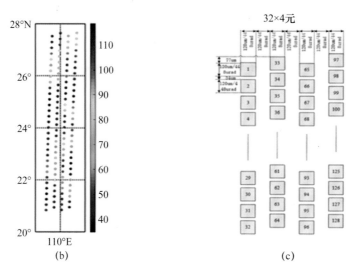

图 3.7　(a)GIIRS 扫描范围；(b)单个驻留点 128 个像元排列方式；
(c)单个驻留点 128 个像元扫描顺序

由图 3.8a 可见，对于相邻的两条扫描带，上层扫描带的底层两行像元和下层扫描带的顶层两行像元视场重叠，ECMWF 的关于 GIIRS 仪器的报告中指出，这些相互重叠像元的观测不连续；图 3.8b 为长波红外第 516 个通道重叠像元亮温的差值，可以看出这些不连续差值没有表现出系统规律，因此目前无法有效订正，在本节的试验中，这些相互重叠区域的像元均被剔除。

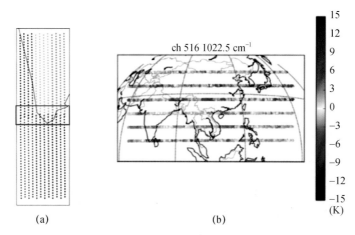

图 3.8　(a)相邻扫描带像元重叠示意图；(b)GIIRS 长波第 516 个光谱通道上
相邻扫描带重叠区域亮温差(图源于 ECMWF 报告)

GIIRS 具有两个大气红外探测波段，分别为：长波红外波段，覆盖 700～1130 cm^{-1}，包含 689 个通道；中波红外波段，覆盖 1650～2250 cm^{-1}，包含 961 个通道。二者的光谱分辨率均为 0.625 cm^{-1}。其中长波红外波段包含 15 μm 附近的 CO_2 吸收带，8～12 μm 的大气红外窗区以及 9.6 μm 附近的的 O_3 吸收带。中波红外波段包含 6.3 μm 附近的水汽强吸收带以及 4.3 μm 附近的 CO_2 吸收带。此外，需要指出的是，同一个驻点，长波红外通道和中波红外通道的中心经纬度不同。

GIIRS 采用干涉分光技术,接收到的是两束干涉光叠加的信号经傅里叶变换得到的光谱分布,干涉信号与两束光的光程差相关,所以实际测量到光谱分布需要考虑因光程差移动范围有限以及由仪器自身局限性引入的窗函数带来的影响。窗函数在经傅里叶变换后变为 Sinc 函数,Sinc 函数在主峰两翼有很强的旁瓣(又称为"趾"),这会影响光谱分解的精度,所以通常需要对干涉得到的光谱分布做切趾处理。国家卫星气象中心发布的 GIIRS 的 L1 级辐射率产品在 2019 年 8 月 13 日前未做切趾处理,称为 V1 版数据,在 2019 年 8 月 13 日后采用了 Hamming 切趾函数进行切趾处理。图 3.9a 为切趾前的 GIIRS 的 L1 光谱辐射率,图 3.9b 为切趾后的光谱辐射率。

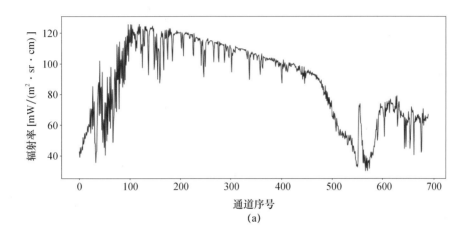

(a)

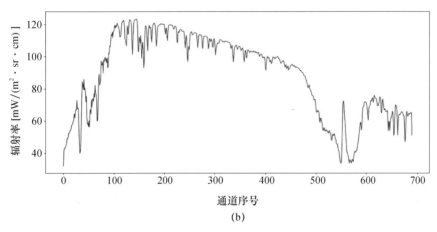

(b)

图 3.9　GIIRS 的观测辐射率
(a)切趾前;(b)切趾后

针对 GIIRS 长波红外波段展开实验,图 3.10 为长波红外波段的光谱信息。其中蓝线为长波红外 689 个光谱通道的亮温,绿色点为每个通道等效噪声辐射(Noise Equivalent Radiation,NEdR)的平均值,红色点为 NEdR 的标准差,黄线所在位置为 NEdR 平均值大于 0.15 的光谱通道。

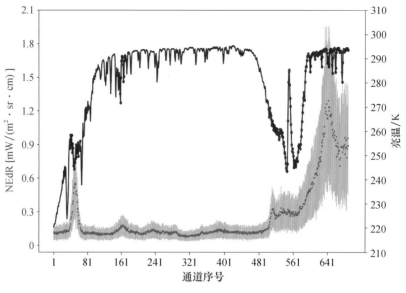

图 3.10　GIIRS 的 689 个长波红外通道光谱信息

3.5　红外高光谱 HIRAS 数据产品特征

FY-3D 星是我国第二代极轨气象卫星 FY-3 系列中的第四颗卫星,于 2017 年 11 月 15 日发射上天,轨道高度为 830.5 km,轨道倾角为 98.6°,赤交点地方时为 13∶40。红外高光谱大气探测仪(HIRAS)是 D 星首次搭载的红外傅里叶探测仪器,它替代 FY-3A/B/C 三颗卫星上的通道式红外仪器——红外分光计,主要目标是通过观测 $0.38 \sim 15.38~\mu m$ 光谱范围内地气系统出射的高光谱分辨率的红外辐射,应用于大气温湿度廓线反演产品开发,以及数值天气预报、气候研究,并作为国际空间载荷红外辐射基准等。

HIRAS 地面处理系统共生成四类数据集,分别为 L0、L1A、OBC、L1 文件。卫星下发的原始数据为 10 s 时长的原始文件,经地面预处理系统汇集分系统进行数据汇集、排序后生成 5 min 块的 L0 原始数据集,数据格式即为仪器下发文件数据格式;预处理系统进行解码后首先生成 L1A 数据集,主要包括解码后的干涉图和时间、遥测信息及卫星时间、姿态等数据;预处理系统进行定位和定标后生成 OBC 和 L1 文件,OBC 文件主要为仪器遥测信息;L1 文件即包含遥感应用开发用户主要需要的时间码、地理定位结果(经纬度、陆海标识、卫星天顶角、卫星方位角、仪器天顶角、仪器方位角)、定标结果(光谱辐射值、波长)以及质量标识等信息。

3.5.1　HIRAS L1C 产品生成

基于 HIRAS L1 级数据,保留其中的通道亮温、像元观测时间、像元地理信息、观测几何

信息和预处理质量标记信息，以及匹配到 HIRAS 视场的 MERSI-II 云检测数据、匹配到
HIRAS 视场的 MWHS-2 微波降水检测数据，合并生成 HIRAS_L1C 产品。

3.5.2　HIRAS L1C 产品生成算法流程

① 数据提取：读入 MERSI-II 云检测与 HIRAS 视场匹配后数据；读入降水检测产品与
HIRAS 视场匹配后数据；读入 HIRAS L1 级数据。

② 质量控制：对卫星天顶角信息进行质量控制；对海陆掩码信息进行质量控制；对亮温数
据进行质量控制。

③ 产品输出：HIRAS L1C 数据为二进制格式数据文件，输出的关键数据内容如下：每个
观测点的卫星名称、卫星标记、仪器标记、扫描线序号、扫描点序号、扫描线时间戳、扫描点经纬
度、海陆标记、高程、卫星天顶角/方位角、太阳天顶角/方位角、卫星高度、质量标记、HIRAS 仪
器亮温、云量信息以及降水信息。

3.6　红外高光谱遥感数据预处理基础技术

红外高光谱遥感数据预处理和产品生成是红外高光谱遥感信息定量应用的基础。卫星红
外高光谱数据预处理包含了 Level 0、Level 1 和 Level 2 级的处理过程。目前 Level 0 级处理
主要在星上实现，其处理的主要目标是降低下传数据量。星载红外高光谱数具有成千上万通
道，数据量相比常规遥感观测大几个数量级。在星上实现无损或者近似无损压缩是未来发展
的趋势。星载干涉仪器的数据预处理，可分为星上数据处理部分和地面数据处理部分。星上
Level 0 级处理的主要目标是降低下传数据量。地面 Level 1 级处理完成剩余的光谱反演处理
得到 Level 1B/Level 1C 定标光谱，Level 2 级处理使用 Level 1B/Level 1C 定标光谱数据反演
大气温湿度廓线和化学组分等大气参数。

Level 1 级处理又可分为 Level 1A、Level 1B、Level 1C 三个子流程。Level 1A 级处理使
用仪器数学模型给出光谱采样点波数位置。Level 1B 级处理使用同一波数基准对定标光谱进
行重采样。Level 1C 级处理将给定光谱和对应的仪器光谱响应函数做卷积，以使 Level 2 级
处理中模拟干涉仪器测量光谱的计算开销最小。

地面 Level 1 级其他处理还包括下传数据包解码，完成 Level 0 级没有完成的剩余辐射定
标工作，对辐射定标公式没有考虑到的诸如光谱定标补偿、扫描镜倾斜校正、非理想黑体效应
等物理效应进行补偿（刘加庆，2014）。

红外高光谱资料直接应用于数值天气预报资料同化系统，一般使用 Level 1 级数据，所需
要进行的数据预处理包含了：数据解码、辐射定标和切趾变换等处理过程。

3.6.1　数据解码

以 IASI 数据为例,资料同化应用包含数据解码过程,如图 3.11 所示。红外高光谱 IASI 数据在 L1 级产品发布时,同时附带有解码系数。整个光谱分为 10 组,每一组确定一个解码系数。对于每一组的 cscale(1,j)为起始通道号,cscale(2,j)为结束通道号,sscale(i)为第 i 组的比例因子即解码系数。

```
! The scaling factors are as follows, cscale(1) is the start channel number,
!                                      cscale(2) is the end channel number,
!                                      cscale(3) is the exponent scaling factor
! In our case (616 channels) there are 10 groups of cscale (dimension :: cscale(3,10))
!  The units are W/m2..... you need to convert to mW/m2.... (subtract 5 from cscale(3)
      do i=1,10  ! convert exponent scale factor to int and change units
          iexponent = -(nint(cscale(3,i)) - 5)
          sscale(i)=ten**iexponent
      end do
      do i=1,n_totchan
!       radiance to BT calculation
          radi = allchan(1,i)
          scaleloop: do j=jstart,10
             if(allchan(2,i) >= cscale(1,j) .and. allchan(2,i) <= cscale(2,j))then
                radi = allchan(1,i)*sscale(j)
                jstart=j
                exit scaleloop
             end if
          end do scaleloop
```

图 3.11　红外高光谱观测数据解码算法实现

3.6.2　红外高光谱定标

红外高光谱的定标就是建立高光谱仪器每个探测元件输出的数字量化值(DN)与它所对应视场中输出辐射亮度值之间的定量关系。红外高光谱遥感数据的可靠性及应用的深度和广度在很大程度上取决于定标精度。

光谱定标就是明确高光谱仪器每个通道的光谱响应函数,即明确探测仪每个像元对不一样波长光的响应,从而获得通道的中心波长及其光谱带的宽度。由于地球外太空环境恶劣,所有卫星传感器的性能会随着时间的推移而下降。为了获取一致准确的测量数据探测气候和环境变化,需要将 DN 值转化为物理量(梁顺林 等,2013b)。

数字量化值即 DN 值是一个较大的数值,它是遥感影像像元亮度值,记录的地物的灰度值。DN 值无单位,是一个整数值,值大小与传感器的辐射分辨率、地物发射率、大气透过率和散射率等有关。

辐射定标:建立遥感传感器每个像元所输出信号的数字量化输出值 DN 与该探测器对应像元内实际地物辐射亮度值之间的定量关系,以消除传感器本身的误差,获得大气顶辐射亮度或辐射率。辐射定标能将没有物理含义的数字量化值转换为具有物理含义的辐射亮度或反射率。设遥感器标准视场内获得的光谱辐射亮度为 Y,图像输出的 DN 值为 X,辐射定标系数中斜率为 A,截距为 B,则光谱辐射亮度与图像输出 DN 值的关系为

$$Y = AX + B \qquad (3.1)$$

式中:Y 的单位是 $\mathrm{W \cdot cm^{-2} \cdot sr^{-1} \cdot nm^{-1}}$。红外高光谱仪器的辐射定标是分波段进行的,根据红外高光谱仪器的动态范围,改变标准辐射源的辐射亮度输出级别,得到一组辐射亮度输入值与遥感器输出 DN 值的关系为:

$$L_j(\lambda_i) = a_{ji} \mathrm{DN}_{(j,i)} + b_{ji} \qquad (3.2)$$

式中:$L_j(\lambda_i)$ 为第 j 组第 i 波段辐射亮度输入值;$\mathrm{DN}_{(j,i)}$ 为第 j 组第 i 波段图像灰度输出值;a_{ji}、b_{ji} 为第 j 组第 i 波段辐射定标系数。

定标以此确定其误差,尤其以此确定适当的修正系数即定标系数。对测量获得的高光谱仪器输出值和标注辐射源在该波段中心波长处的光谱亮度值作线性拟合后即可求出各波段最佳的定标系数 a_{ji} 和 b_{ji}。

3.6.3 切趾变换相关原理

在干涉光谱成像过程中,切趾函数处理是干涉成像光谱仪光谱复原过程中的一个重要环节,对复原光谱的精度有着极其重要的影响(张文娟 等,2008)。干涉成像光谱仪获取的原始数据是干涉信息,对干涉信息进行光谱复原得到光谱数据。记录的干涉信息是有限光程差范围内的信号,这使得复原光谱存在旁瓣效应,旁瓣的存在严重影响邻近光谱尤其是较弱光谱的准确测定。为了提高复原光谱的精度,光谱复原中采用切趾函数来抑制这种旁瓣效应。

对于理想的傅里叶变换红外光谱仪,两干涉光束间的光程差应在 $(-\infty, +\infty)$ 变化。实际情况却并非如此,干涉仪的光程差的变化范围总是处于有限的区间 $[-L, L]$。由干涉图的傅里叶变换得到的光谱是真实光谱与仪器函数的卷积。未经切趾的仪器函数是 $\mathrm{sinc}(x)$ 函数,它的次峰较高,容易干扰邻近的光谱线。因此,在傅里叶光谱方法中,应寻找性能良好的切趾函数,以满足特定的需要。一般地讲,切趾函数必须具有少降低分辨本领,多压低次级峰值的特点,并且具有较高的各次级峰的衰减速度。

有限光程差采样会引起频域振荡,即吉波斯现象(徐天成 等,2012)。在复原光谱中表现为主峰旁边出现的旁瓣,它会淹没邻近谱线。使用切趾函数对光谱进行平滑处理,以抑制旁瓣、辐射漂移、随机噪声等边缘效应以及光谱保护位阻尼等而尽可能保持理想 Sinc 光谱响应函数。目前可用切趾函数有 20 多种,常用切趾函数如表 3.1 所示,表中 L 为动镜最大运动距离。

表 3.1 常用切趾函数(刘加庆,2014)

函数类型	数学描述	仪器函数	半高宽度
三角函数	$1 - \dfrac{\|x\|}{L}$	$L \mathrm{sinc}^2(\pi v L)$	$\dfrac{1.77}{2L}$
Blackman	$0.42 + 0.5\cos\left(\dfrac{\pi x}{L}\right) + 0.08\cos\left(\dfrac{2\pi x}{L}\right)$	$\dfrac{L(0.84 - 0.36L^2v^2 - 2.17\times10^{-19}L^2v^4)\mathrm{sinc}(2\pi L v)}{(1 - L^2v^2)(1 - 4L^2v^2)}$	$\dfrac{2.29}{2L}$
Connes	$\left(1 - \dfrac{x^2}{L^2}\right)^2$	$8L\sqrt{2\pi}\dfrac{J_{5/2}(2\pi v L)}{(2\pi v L)^{5/2}}$	$\dfrac{1.90}{2L}$

函数类型	数学描述	仪器函数	半高宽度
Cosine	$\cos\left(\dfrac{\pi x}{2L}\right)$	$\dfrac{4L\cos(2\pi Lv)}{\pi(1-16L^2v^2)}$	$\dfrac{1.63}{2L}$
Gaussian	$e^{-x^2/(2\sigma^2)}$	$2\displaystyle\int_0^L \cos(2\pi vx)e^{-x^2/(2\sigma^2)}\,\mathrm{d}x$	$\dfrac{2.03}{2L}$
Hamming	$0.54+0.46\cos\left(\dfrac{\pi x}{L}\right)$	$\dfrac{L(1.08-0.64L^2v^2)\mathrm{sinc}(2\pi Lv)}{1-4L^2v^2}$	$\dfrac{1.81}{2L}$
Hanning	$\cos^2\left(\dfrac{\pi x}{2L}\right)$	$\dfrac{L\,\mathrm{sinc}(2\pi Lv)}{1-4L^2v^2}$	$\dfrac{2.00}{2L}$
标准	窗函数	$2L\,\mathrm{sinc}(2\pi Lv)$	$\dfrac{1.20}{2L}$

应用时需考虑旁瓣抑制要求和由此带来的分辨率降低,选择合适的切趾函数。遥感应用中,仪器信噪比(SNR)超过 1000 时,与其他切趾函数相比,Hamming 函数是个合适的选择,Blackman-Harris 函数对旁瓣抑制效果最佳(刘加庆,2014)。

HIRAS L1 业务数据选择 Hamming 函数作为切趾函数与 CrIS 光谱数据所选切趾函数相同(Han et al.,2013),IASI 光谱切趾函数为高斯函数(Hilton et al.,2012)。GIIRS 的数据预处理也选用 Hamming 函数,具体实现方法如下所示:

$$A(x)=\begin{cases}(1-2a_0)-2a_0\cos\left(\dfrac{\pi x}{x_{\max}}\right) & |x|\leqslant x_{\max}\\[2mm] 0 & |x|>x_{\max}\end{cases}\tag{3.3}$$

式中:$a_0=0.23$;x 为干涉仪的光程差(optical path difference,OPD);$x_{\max}$ 为最大光程差(maximum optical path,MPD)。对于 GIIRS 仪器,MPD=0.8 cm。具体切趾变换以 GIIRS 仪器为例,算法实现如图 3.12 所示。

```
def hamming_apo( rad_orig ):
  rad_apo   = np.copy( rad_orig )
  nchannels = len( rad_orig )
  rad_apo[0] = 0.54*rad_orig[0] + 0.23*rad_orig[1]
  for i in range(1,nchannels-1):
    rad_apo[i] = 0.23*rad_orig[i-1]+0.54*rad_orig[i]+0.23*rad_orig[i+1]
  return rad_apo
  rad_apo[nchannels-1] = 0.23*rad_orig[nchannels-2] + 0.54*rad_orig[nchannels-1]
```

图 3.12　红外高光谱切趾变换算法实现

3.6.4　辐射率转换为亮温相关原理

红外高光谱常用的辐射测量是光谱辐射亮度(spectral radiance,L),简称光谱辐亮度。假定有一辐射源呈面状,向外辐射的强度随辐射方向而不同,则 L 定义为辐射源在单位波长宽度的范围内、单位立体角、单位时间内从外表面单位面积上的辐射通量,即:$L=\dfrac{\phi}{W(S\cos\theta)}$,单位为 $W\cdot cm^{-2}sr^{-1}\cdot m^{-2}$。$W$ 为辐射能量,是以电磁波形式向外传送的能量,单位为 J。ϕ 为辐射通量,又称为辐射功率,指单位时间内向外传送的辐射能量,$\phi=\mathrm{d}W/(\mathrm{d}t)$,单位为 W,即 J/s,$t$ 为时间;辐射通量是波长的函数,总辐射通量是各谱段辐射通量之和或辐射通量的积分值。

普兰克(Planck)辐射定理:首先定义黑体,就是假设的理想辐射体,一方面是完全的吸收体,吸收全部入射能量,而没有反射,另一方面也是完全的辐射体,其辐射情况仅随着温度的变化而变化。黑体是假想的实体,其辐射是各项同性的,自然界的所有物体至少都会反射一部分能量,并非完全的吸收体。通过实验室模拟黑体的状态,可以构造物体温度和辐射的理想关系。

对于热力学温度(T)与黑体光谱辐射率(B)、频率(v)的关系,Planck 函数表示为:

$$T_B(v) = \frac{hcv}{k_B \ln\left(\frac{2hc^2 v^3}{B(v)} + 1\right)} \tag{3.4}$$

式中:h 为普兰克常数,取值 $6.62606957 \times 10^{-34}$ J·s;k_B 为玻尔兹曼常数,取值 $1.3806488 \times 10^{-23}$ J/K;c 为光速,2.99792458×10^8 m/s;v 为频率,和波长 λ 的关系为 $v = c/\lambda$。波长是指相邻波峰之间的距离,单位可以是 m、cm、mm、μm、nm 等;T_B 为热力学温度,单位为 K。

卫星红外高光谱资料同化在辐射亮温空间执行极小化计算时,则需要将光谱辐射率转换为亮温。如图 3.13 所示,GIIRS 通道辐射率资料转换为亮温算法实现如下:

```
def rad2bt(wavnum, radiance):

    H_PLANCK = 6.62606957 * 1e-34  # unit = [J*s]
    K_BOLTZMANN = 1.3806488 * 1e-23  # unit = [J/K]
    C_SPEED = 2.99792458 * 1e8  # unit = [m/s]


    const1 = H_PLANCK * C_SPEED / K_BOLTZMANN
    const2 = 2 * H_PLANCK * C_SPEED**2
    bt = const1 * wavnum /( LOG((const2 * wavnum**3)/ radiance) + 1.0)
    return bt
```

图 3.13　红外高光谱通道辐射率转换亮温算法实现

第 4 章
卫星红外高光谱辐射传输模式及其同化观测算子设计

辐射传输模式 RTM（radiative transfer model）以大气辐射传输方程为核心，是描述卫星辐射率（或亮温）与温度、湿度等大气模式变量之间复杂非线性关系的计算模型，是对红外和微波等卫星辐射率资料进行直接变分同化的前提和至关重要的部分。在给定大气温度、湿度等气象要素，吸收气体浓度分布的基础上，即可计算出大气层顶的辐射率。与应用卫星辐射率观测确定大气参数的反演过程相反，RTM 输入预报模式大气状态廓线模拟卫星辐射率（或亮温）的计算过程一般称为正演。正演过程包括透过率计算、辐射率（或亮温）计算。

辐射传输模式是直接同化卫星观测资料的关键，图 4.1 为红外波段地球辐射率真实观测与模拟计算结果比较。可以看出，RTM 对大尺度的天气系统辐射率计算模拟效果较好，而对于一些中小尺度的天气系统、强烈的对流云团的辐射率，模拟效果并不是十分理想。

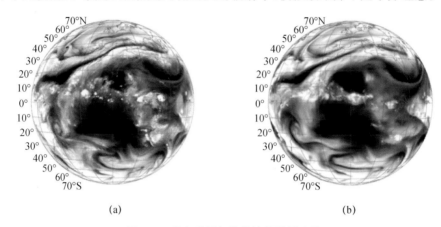

图 4.1　真实观测与模拟计算结果比较

(a)地球真实辐射率观测；(b)RTM 模拟的辐射率分布

4.1　大气红外辐射传输方程及通道权重函数

4.1.1　大气红外辐射传输方程

地球大气是放射红外辐射的辐射源，在红外波段，太阳直接辐射能量远小于大气发射的红外辐射。因此，在计算大气中红外辐射传输时，往往不考虑太阳辐射；此外，由于红外波段辐射的电磁波长远大于大气气溶胶粒子尺度，因此，当大气层中不存在过多的水滴、冰晶、沙尘等较大气溶胶颗粒时，可以忽略大气的散射作用。云对于红外辐射可以视为黑体，故研究红外波段辐射时，往往只考虑其吸收作用，忽略散射；最后，根据基尔霍夫定律，大气在削弱辐射的同时，自身也在发射辐射，必须同时考虑大气对红外辐射的发射和吸收。基于上述三点认识，下面将推导大气辐射传输方程。

考虑一束频率为 ν、辐射率为 I_ν 的辐射以 θ 的角度穿过厚度为 $\mathrm{d}z$ 的气层，经过气层的吸收作用，辐射率减少了 $\mathrm{d}I_\nu$，如图 4.2 所示：

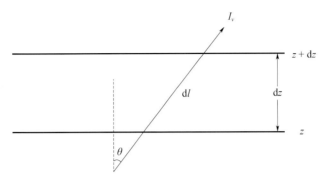

图 4.2 大气辐射传输示意

则有：
$$\mathrm{d}I_\nu = -k_{ab,\nu}\,\mathrm{d}l\,I_\nu \tag{4.1}$$

吸收率为：
$$A_\nu = -\frac{\mathrm{d}I_\nu}{I_\nu} = k_{ab,\nu}\,\mathrm{d}l \tag{4.2}$$

根据基尔霍夫定律，气层在该频率上也会向外发射辐射。其发射的辐射率为 $B(\nu,T)A_\nu = k_{ab,\nu}B(\nu,T)\mathrm{d}l$，其中 $B(\nu,T)$ 为 Planck 函数，T 为该气层的温度。

因此，考虑了大气的吸收和发射后，经过 $\mathrm{d}l$ 辐射率的变化为：
$$\mathrm{d}I_\nu = -k_{ab,\nu}[I_\nu - B(\nu,T)]\sec\theta\,\mathrm{d}z \tag{4.3}$$

令 $\mu = \cos\theta$，得
$$\mu\frac{\mathrm{d}I_\nu}{\mathrm{d}z} = -k_{ab,\nu}[I_\nu - B(\nu,T)] \tag{4.4}$$

在实际应用中，常常引入光学厚度 δ，按通常习惯，光学厚度向下为正。若将大气层上界定义为无限远处，即 $z=\infty$，则从某一高度 z 到大气上界的垂直光学厚度为：
$$\delta(z) = \int_z^\infty k_{ab,\nu}\,\mathrm{d}z \tag{4.5}$$

则
$$\mathrm{d}\delta(z) = -k_{ab,\nu}\,\mathrm{d}z \tag{4.6}$$

式(4.4)可写为：
$$\mu\frac{\mathrm{d}I_\nu}{\mathrm{d}\delta} = I_\nu - B(\nu,T) \tag{4.7}$$

等式两边同时乘以 $\mathrm{e}^{-\delta/\mu}$，并积分，大气上界 $z=\infty$ 处，$\delta=0$ 得
$$I_\nu = B(\nu,T_s)\mathrm{e}^{-\delta_0/\mu} + \int_0^{\delta_0} B(\nu,T)\mathrm{e}^{-\delta/\mu}\frac{\mathrm{d}\delta}{\mu} \tag{4.8}$$

定义透过率 $\tau = \mathrm{e}^{-\delta/\mu}$，并使用气压坐标，则
$$\tau_\nu = \mathrm{e}^{-\int_0^p g^{-1}k_{ab,\nu}q\,\mathrm{d}p} \tag{4.9}$$

式(4.8)可写为：
$$I_\nu = B(\nu,T_s)\tau_{\nu,s} - \int_0^{p_s} B(\nu,T)\frac{\partial\tau(\nu,p)}{\partial p}\mathrm{d}p \tag{4.10}$$

上式即为红外辐射的大气辐射传输方程。式中：$B(\nu,T)$ 为频率 ν、气层温度 T 时的 Planck 函数，T_s 为地表温度，$\tau(\nu,p)$ 为 P 气压高度上气层对频率 ν 的辐射的透过率，$\frac{\partial\tau(\nu,p)}{\partial p}$ 为大气透过率随高度的变化，它对 $\mathrm{d}p$ 气层的辐射贡献起到权重的作用，故称为权重函数。

式(4.10)中,左边项是卫星在大气层顶观测到的辐射,它主要由右边两项组成,即:第一项地面发射后通过大气传到达卫星的辐射和第二项各个高度大气层的辐射贡献。

大气辐射传输方程是大气红外遥感的理论基础,在这个方程中,大气层顶观测到的某一通道向上辐射与 Planck 函数、透过率随高度的分布函数以及通道权重函数密切相关。而上述函数均是以大气温度、吸收气体垂直分布以及吸收系数作为参数,因此,经过大气传输到达大气层顶的辐射率包含了大气温度以及水汽、CO_2 等吸收气体的垂直廓线分布信息。

4.1.2 通道权重函数

权重函数 $\dfrac{\partial \tau(\nu, p)}{\partial p}$ 对大气层的辐射贡献起到了权重作用。具体可以通过图 4.3 加以解释。图 4.3 右边为大气中某一频率辐射的权重函数,取其低层(1)、最大值层(2)和高层(3)三个高度加以说明。对于高度 1,其对应的是近地面稠密的大气层,该层能够向上发射出大量辐射,但是由于大气的吸收作用,到达大气层顶的辐射很少;对于高度 2,在此高度上,气层的发射和大气吸收达到了平衡,最终到达是最多的;对于高度 3,虽然在此高度之上大气的吸收作用很弱,但因其自身发射的辐射较少,故到达大气层顶的辐射也很少。因此,卫星观测到的某一频率的辐射,大部分是由该频率的权重函数最大值区域所对应的大气层发射的。辐射包含着大气温度和吸收气体浓度等信息,故利用不同频率的观测,就可以得到大气温度、湿度等的垂直廓线。

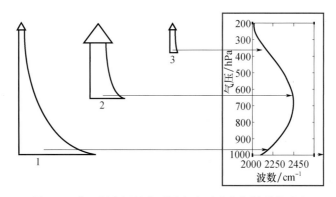

图 4.3 某一频率辐射在不同高度到达大气层顶的示意

需要指出的是,当前卫星上的分光系统不可能得到某一频率的单色光,而是使用"通道"的概念。卫星探测器只对某个特定电磁波谱段产生感应,则这段波谱就称为该探测器的通道(蒋尚城,2006)。因此,通道是具有一定宽度 $\Delta \nu$ 的电磁波段。对于低分辨率通道($\Delta \nu$ 较大),其权重函数就是一些在在不同高度处达到极大值的单色光谱(高分辨率)权重函数的平均值,曲线一定比较平缓,锐度一定比单色光小。$\Delta \nu$ 越大,曲线拉平越甚,锐度越小(董超华 等,2013)。曾庆存(1974)指出,某一通道遥感大气参数的垂直分辨率反比于权重函数的锐度。因此,想要提高卫星观测的垂直分辨率,则需要增大通道权重函数的锐度,即提高探测器的光谱分辨率。

红外高光谱仪器 AIRS 正是基于上述认识发展而来的,它具有高光谱分辨率、高空间分辨率和高辐射分辨率的特点,极大地提升了卫星遥感的探测精度和分辨率。图 4.4a 为 AIRS 2378 个通道的权重函数,可以看出,其绝大多数通道的锐度较大,权重峰值在各个高度层均有分布；图 4.4b 为 AIRS 三个典型通道归一化后的通道权重函数，通道中心为 704.4 cm^{-1}、1524.4 cm^{-1} 和 1045.3 cm^{-1}，分别在 CO_2、H_2O 和 O_3 吸收带上。图中还给出了三者权重函数的峰值宽度（以竖线的长度表示，指定峰值 90% 以上的区域）。

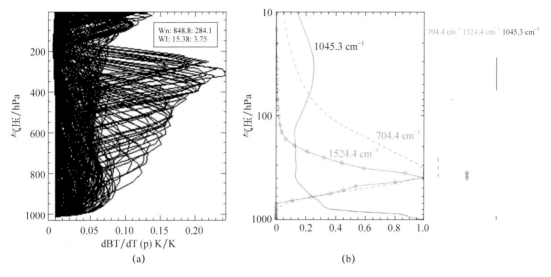

图 4.4　AIRS 的权重函数（Joiner et al.，2007）
（a）全部通道权重函数；（b）三个典型通道的权重函数及其峰值宽度

4.2　红外高光谱辐射传输模式

利用变分同化技术对卫星观测资料进行直接同化的关键，是要选择合适的辐射传输模式（正演模式，即卫星资料变分同化中的观测算子，同时也是同化系统中的重要组成部件）。其基本原理是根据模式大气的状态信息，模拟并计算出与卫星辐射率亮温等价的模拟辐射亮温值，进而利用同化系统实现对卫星辐射率亮温资料的直接同化，它反映了大气温度、湿度等模式变量与卫星辐射率亮温观测数据之间复杂的非线性转换关系。与用卫星辐射率观测确定大气参数的反演过程相比，RT 模式以背景场模式大气状态廓线模拟卫星辐射率，包括透过率计算、辐射率计算。

4.2.1　逐线积分模式

大气原子和分子的各条吸收谱线组合形成了地球大气光谱。逐线积分模式，即依次、逐条地计算各条大气谱线的贡献。

在谱线为 Lorentz 线形的假设下，平均透过率的逐线积分可表示为：

$$\overline{T}(u) = \frac{1}{\Delta v} \int_{\Delta v} \exp\left\{ - \sum_l^{\text{line}} \frac{a_{Ll} S_l u}{\pi \left[(v - v_{0l})^2 + a_{Ll}^2 \right]} \right\} dv \qquad (4.11)$$

式中:S_l是第l条线的线强;u为物质吸收量;v_{0l}为第l条线的谱线中心的波数;a_{Ll}为第l条线的 Lorentz 加宽的半宽度。在实际计算中,逐线积分模式要考虑两个部分:①对吸收物质量 du 的积分部分,用于计算整个吸收路径的贡献;②对频率 dv 的积分部分,用于计算光谱间隔 Δv 中的所有吸收峰的贡献。其中对路径的积分可以将大气的吸收路径看作多个均匀薄层,并用求和代替积分,而对频率的积分则选用合适的数值积分公式来实现。由于很多实际中的因素,大气的吸收谱线并不是单色的,而是具有一定的宽度和形状(Smith,2009)。但是大气吸收谱线的频率只能够描述谱线的中心位置,因此,在计算大气气体吸收时,谱线的强度、线型、半宽等参数也是至关重要的。谱线的强度定义为谱线的吸收系数对频率的积分,谱线的线型指谱线的形状因子函数,谱线的半宽指线型函数极大值一半处的宽度。在逐线积分模式中,只要知道每一条谱线的光谱参数、大气吸收路径参数以及两者间的函数关系,就可以计算出实际大气各层的吸收率以及透过率。逐线积分模式需要对每条吸收谱线的贡献进行考虑,并且对积分步长有严格限制,其不能够超过吸收谱线的最小半宽。因此,逐线积分模式只能在光谱分辨率非常高的条件下才能够使用,而且其需要占用大量的计算资源。

4.2.2 快速辐射传输模式类型

采用逐线积分模式可以获得高精度的单色大气透过率,但是这样做的代价是需要占用大量的计算资源以及存储空间,这是业务化的系统所难以承受的,在实际资料同化应用中不方便应用。同时,逐线积分模式通常只应用于高光谱遥感资料,其需要处理的通道成百上千,这所带来的庞大的计算量更是让逐线积分模式雪上加霜。因此,提出一种既能够满足精度要求,又能够在较短时间内完成运算的简化的大气辐射传输模式势在必行。目前,多种相对快速的大气辐射传输模式已经成功应用于业务运行。通常情况下,可以将快速大气辐射传输模式分为以下几种类型。

(1)伪逐线积分模式

这种模式使用高精度的逐线积分模式预先计算了任意层大气到大气层顶的单色透过率,并将其作为数据集查表使用。这样在计算大气透过率时,可以在数据集中通过查表找到与当前大气状态最接近的数值,而不用每次都重新计算,从而可以节省计算资源。

(2)物理辐射传输模式

这种模式的探测通道使用的是平均的分光参数,模式中每一模式层到大气层顶的光学厚度由这些分光参数计算而来。物理辐射传输模式的优点主要有:①可以适用于任意垂直坐标系;②对某些特定气体,其计算精度较高;③模式只需简单调整就可以适应通道分光参数的变化。但是这种模式的缺陷也很明显,主要是计算速度相对逐线积分模式并不能明显提高,因此在对于计算性能要求较高的同化系统中难以被采用。

(3)用回归方程定义光学厚度计算系数的模式

这种模式中,任意模式层到大气层顶的光学厚度可以用多个光学厚度计算系数与预报因子的乘积的累加的形式来表示,而光学厚度计算系数是由预先计算好的任意模式层到大气层顶的透过率通过回归方程得到的。由于用于计算大气透过率系数的廓线集包含了实际大气中吸收气体含量及温度的变化范围,表征了大气的基本状态,因此使用回归方程定义光学厚度计算系数的模式能够计算出任何输入的大气廓线。一般来讲,用回归方程定义光学厚度计算系数的模式在计算时采用较为简单的线性方程组,这种方式便于书写模式的切线性以及伴随模式,从而便于计算模式相对于初始场的雅可比矩阵。

(4)基于神经网络的辐射传输模式

这种模式采用机器学习、深度神经网络的原理对通道探测辐射值进行模拟。这种方式正在发展之中。

在这 4 种快速辐射传输模式的基础上发展了一类适用于业务应用的快速辐射传输模式,经过二十余年的发展,欧洲和美国已先后建立了各种基于多项式函数展开的快速辐射传输模式,目前应用最广泛且最具典型性代表的是由欧洲中期天气预报中心(ECMWF)和美国卫星资料同化联合中心(JCSDA)分别开发建立的 RTTOV 系列模式和 CRTM 模式。2020 年中国气象科学研究院翁富忠等牵头开发了 ARMS 模式等。

4.2.3 CRTM 快速辐射传输模式

CRTM 是美国卫星资料同化联合中心(JCSDA)近年来开发建立的快速辐射传输模式,用来模拟大气层顶卫星以及空基探测器探测到的辐射和辐射梯度,其目标是利用其实现数值天气预报中晴空、有云雨等全天候条件下卫星资料在模式中的同化应用,突出特点是提高了在受云和降水影响的情况下卫星模拟计算的能力。

CRTM 具有较好的程序框架结构设计和较先进的辐射传输物理模型,最新版本 CRTM v2.4.0 仍在持续发展中,其中主要功能模块包括气体吸收模块、下垫面发射和反射模块、云吸收和散射模块、气溶胶吸收和反射模块和辐射传输方程求解模块。它们各自主要用于计算大气的吸收系数或大气透射率、来自下垫面的辐射发射率和反射率、云或气溶胶粒子的光学特性和辐射传输方程的求解过程。在模拟计算有云雨区的大气辐射时,CRTM 模式输入的云参数信息有水物质、水物质含量、粒子有效半径和有效半径的变化分布范围。CRTM 模式对云和降水粒子散射效应的考虑均基于米散射理论,包括云水、云冰、雨、雪、霰及雹 6 类粒子(董佩明等,2009)。云和降水的光学参数通过米散射理论用分布函数计算,诸如消光系数、单散射率等参数事先计算做成查询表,依据粒子的平均大小和含水量查询。不同粒子类型通过水或冰的不同介电常数来处理。更详细的内容见 CRTM 用户手册(Han et al.,2005)。

CRTM 的核心部件为先进的 OPTRAN(Optical Path Transmittance)模块。它是利用回归方程计算在吸收路径上气体的吸收系数,从而计算大气透射率,将气压层上的预报因子插值到吸收层,并在吸收层上计算吸收系数,然后再插值回到气压层上计算透射率。与其他快速辐射传输模式在计算大气透射率的算法差别在于:是在固定气压层上计算大气光学厚度,计算大气透射率,允许任意的气压廓线,但不需要插值到特定的气压层上,这样能够在满足计算精确度的同时又能节省计算时间(Kleespies et al.,2004)。

4.2.4 RTTOV 快速辐射传输模式

RTTOV(Radiative Transfer for TIROS-N Operational Vertical Sounder)是欧洲中期天气预报中心(ECMWF)在 1991 年开发的用于模拟 TOVS 卫星观测的辐射传输模式基础上发展起来的(Eyre,1991),目前已在卫星资料同化业务应用中得到较为广泛使用的一个快速辐射传输模式,可以用来正演计算透过大气层顶的红外辐射和微波辐射。该模式有着较长的发展历史,最新版本为 2020 年 11 月发布的 RTTOV13(Hocking et al.,2021)。RT-TOV 快速辐射传输模式需要的各种物理量均由预报模式提供,它将 0.01~1050 hPa 的大气层分为 54 层,并逐层计算通道透射率,最终合成各个通道的大气顶辐射率和亮温值(Geer et al.,2021)。

RTTOV 将半透明云层辐射计算过程转换为晴空条件下辐射与各黑体云层辐射的线性累加,但是,有云条件下卫星观测模拟的计算对红外和微波观测采取了不同的处理方式,对于红外散射效应使用参数化方式,对微波卫星观测则直接显式处理多种粒子的辐射效应,当前包括云、雨、冰和雪等类型,所以,RTTOV 中红外和微波观测有云条件下的计算是在两个不同模块中实现的,不过在最新的版本中两者又是可以通过同一模块计算。更详细的内容见用户手册(Hocking et al.,2020)。

目前,RTTOV 和 CRTM 这两个快速辐射传输模式都可以通过较为统一的接口接入 WRFDA 等数值预报系统的资料同化系统中,两者可以选择使用,成为开展卫星资料同化工作的一个基础。

4.2.5 ARMS 快速辐射传输模式

在中国风云卫星快速发展之际,由于各种原因 CRTM 和 RTTOV 对我国风云卫星的支持越来越少。ARMS(Advanced Radiative Transfer Modeling System)是中国气象局融入国际上辐射传输领域近年来重要科学进展,研发的中国自主快速辐射传输模式。2020 年 12 月 ARMS 快速辐射传输模式通过了业务应用技术评审,发布了 ARMS 模式 V1.0 版本。应用测试表明,ARMS 模式运行稳定,结果可靠,对促进我国风云卫星资料的应用发挥了重要的推动作用。ARMS 模式适用于国内外气象卫星仿真模拟、仪器定标、资料同化及遥感应用,为全球和全天候条件卫星资料同化奠定了坚实的基础,具有重要的业务和科研应用价值。

4.3 模式空间到观测空间的转换算法

同化系统对红外高光谱资料的同化是通过“观测算子”来实现的。一般来说,观测算子需要具备两个方面的功能:一是将模式空间中的背景场信息转换到观测空间中去;二是将背景场变量转换为观测变量。4.3 节和 4.4 节分别对观测算子这两个功能的实现加以详细描述。

4.3.1 卫星辐射率观测算子

卫星观测算子在同化系统中的计算流程与常规观测算子类似,首先进行水平和垂直方向上的空间插值,再调用快速辐射传输模式计算出辐射等价量。卫星辐射传输采用 RTTOV 模式,可以实现多光谱频段的卫星通道模拟(Matricardi,2008)。根据 RTTOV 模式软件特点,多层模式预报廓线需要插值到 RTTOV 模式使用的 54 个固定大气层(0.005~1050 hPa)上,但自 RTTOV10 版本开始实现了内部插值功能,用户可以提供任意层数的大气要素场(称为用户层),软件会自动插值到 RTTOV 计算所需的辐射传输层上(称为 RT 层)。

首先通过空间插值算子将格点上的大气场变量插值到观测点位置上,RTTOV 软件根据输入的大气背景廓线,进行层数检测,再将观测点上的大气层模式廓线变量进行垂直插值到固定的 RT 层,进行硬阈值物理检查、确定云参数等,根据卫星载荷的平台、搭载仪器的三元组特征,确定对应的辐射传输系数文件,在 RT 层上计算预报因子和光学厚度;接下来将计算的光学特征插值回大气模式层上,计算出各层的透过率并进行辐射传输积分,从而输出大气各层辐射率值及透过率等相关信息。具体 RTTOV 正向模拟计算流程如图 4.5 所示:

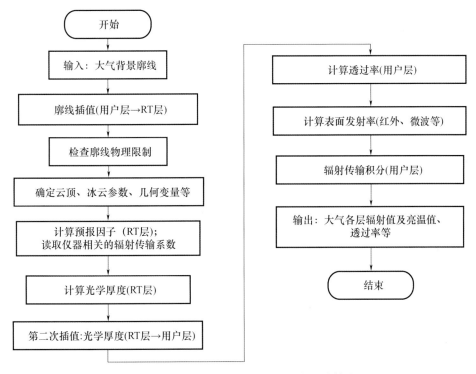

图 4.5　观测算子 RTTOV 正向模拟亮温计算流程

4.3.2　空间水平插值

对于格点同化系统来说,把从地球表面到大气层顶的大气划分成若干层,在每一层又划分为网格面,网格面上的格点间距随着纬度的变化而规律变化,把从下至上的这一系列网格面就称为模式空间。图 4.6a、b 分别给出了区域和全球模式下的网格分布示意图。背景场变量在每一层网格点上是均匀分布的。每种变量间均相隔 1 个网格距。

所有观测组成的空间被称为观测空间。由于卫星观测并不直接在大气中测量,其对应的观测点信息中并不需要高度信息。观测点分布在网格点周围,规律性不强(常规观测无规律,卫星观测有一定规律)。因此,在水平方向上,模式空间向观测空间的转换可以通过水平插值来完成。图 4.7 给出了空间转换中水平插值的示意图。如图所示,任意一个观测点(圆点)都会落在由四个格点(叉点)围成的网格范围内(若观测点与格点重合,则不需要插值),可以通过分别在 x 和 y 方向上的插值来得到观测点处的变量值。上述过程具体可以通过经纬度坐标转换、权重计算和插值计算三个步骤加以实现。

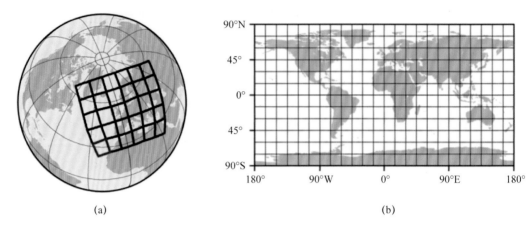

(a)   (b)

图 4.6　区域(a)和全球模式(b)下的网格分布示意

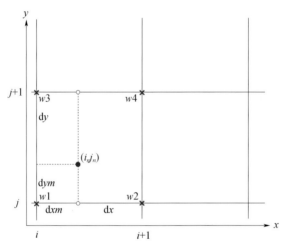

图 4.7　空间水平四点插值

(1)经纬度坐标转换

经纬度坐标转换的目的是在给定的投影方式下,将观测点的经纬度坐标转换为模式空间所在的笛卡尔直角系坐标。对于低纬度区域,常使用麦卡托投影,因此本节使用麦卡托投影方法,分别对 x 和 y 方向进行转换,见式(4.12)、(4.13),图 4.8 是具体的程序实现。

x 方向：

$$i_n = 1.0 + \frac{\mathrm{lon}(n) - \mathrm{proj}\%\mathrm{lon1}}{\mathrm{proj}\%\mathrm{dlon} \times \dfrac{180.0}{\pi}} \tag{4.12}$$

y 方向：

$$j_n = 1.0 + \frac{\lg\left(\tan\left(0.5 \times (\mathrm{lat}(n) + 90) \times \dfrac{\pi}{180.0}\right)\right)}{\mathrm{proj}\%\mathrm{dlon}} - \mathrm{proj}\%\mathrm{rsw} \tag{4.13}$$

```
do n= lbound(info%lat,2),ubound(info%lat,2)
    deltalon = info%lon(1,n) – proj%lon1
    if (deltalon < -180.0) deltalon = deltalon + 360.0
    if (deltalon > 180.0) deltalon = deltalon – 360.0
    info%x(:,n) = 1.0 + (deltalon/(proj%dlon*deg_per_rad))
    info%y(:,n) = 1.0 + (ALOG(TAN(0.5*((info%lat(1,n) + 90.0)
                    * rad_per_deg)))) / proj%dlon – proj%rsw
end do
```

图 4.8　麦卡托投影经纬度坐标转换算法

（2）权重计算

在得到观测点对应的网格坐标位置后，就可以根据该坐标点与周围四个网格点的相对位置，来赋予插值所需要的权重：dxm、dx、dym、dy。插值权重是五个点在 x、y 方向上距离的简单函数，即式（4.14）。图 4.9 是具体的程序实现：

$$\begin{cases} dxm = i_n - i \\ dx = 1 - dxm \\ dym = j_n - j \\ dy = 1 - dym \end{cases} \tag{4.14}$$

```
i(:,:) = int (x(:,:))
where(i(:,:) < ib)   i(:,:) = ib
where(i(:,:) >= ie)   i(:,:) = ie-1
dxm(:,:) = x(:,:) – real(i(:,:))
dx(:,:)= 1.0 – dxm(:,:)
```

图 4.9　插值权重赋值算法

（3）插值计算

在前两步的准备工作完成后，就可以进行水平插值。插值方案选用四点方案，即先在 x 方向上做两次线性插值，再在 y 方向上做一次线性插值。即式（4.15）、（4.16）。图 4.10 是具体的程序实现：

第一步：
$$\begin{cases} u(i_n,j) = dxm \cdot u(i,j) + dx \cdot u(i,j+1) \\ u(i_n,j+1) = dxm \cdot u(i,j+1) + dx \cdot u(i+1,j+1) \end{cases} \tag{4.15}$$

第二步：
$$u(i_n,j_n) = dym \cdot u(i_n,j) + dy \cdot u(i_n,j+1) \tag{4.16}$$

```
fmz(k) = info%dym(k,n) * (info%dxm(k,n)*fm3d(info%i(k,n), info%j(k,n), k) &
    + info%dx (k,n) * fm3d(info%i(k,n)+1,info%j(k,n), k)) &
    + info%dy (k,n) * (info%dxm(k,n)*fm3d(info%i(k,n), info%j(k,n)+1, k) &
    + info%dx (k,n) * fm3d(info%i(k,n)+1, info%j(k,n)+1, k))
```

图 4.10　水平四点插值算法

4.3.3　空间垂直插值

4.3.3.1　垂直线性插值

由于背景场所在的模式空间垂直气压分层与 RTTOV 内部的分层并不一致，因此，在进行完观测点的水平插值后，还需要将每一层网格上观测点的气象要素垂直插值到 RTTOV 所定义的气压层上，如图 4.11a 所示。与水平插值类似，垂直插值也需要事先计算出 RTTOV

层在模式空间中对应的位置以及每一个模式层的插值权重。因此,其同样需要三个步骤:

(1)RTTOV 气压层向模式气压层的映射

若将模式空间的气压分层 p_{mdl} 从下至上依次编号为 $1,2,3,4,\cdots,k$,如图 4.11b,则第 i 个 RTTOV 系数层所对应的编号 $zk(i)$ 可由式(4.17)、(4.18)、(4.19)来计算:

① 若 RTTOV 层 i 在模式底层的下方:

$$zk(i)=1-\frac{p_{rtv}(i)-p_{mdl}(1)}{p_{mdl}(1)-p_{mdl}(2)} \tag{4.17}$$

② 若 RTTOV 层 i 在模式顶层的上方:

$$zk(i)=k+\frac{p_{mdl}(k-1)-p_{rtv}(i)}{p_{mdl}(k-1)-p_{mdl}(k)} \tag{4.18}$$

③ 若 RTTOV 层 i 在模式第 m 和 $m+1$ 层之间:

$$zk(i)=m+\frac{p_{mdl}(m)-p_{rtv}(i)}{p_{mdl}(m)-p_{mdl}(m+1)} \tag{4.19}$$

通过以上计算,就完成了 RTTOV 气压层向模式气压层的映射。

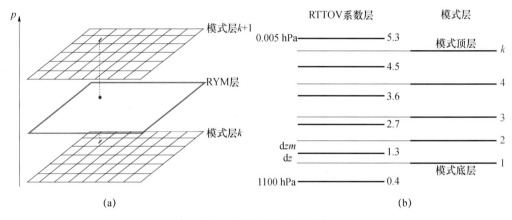

图 4.11 空间气压层垂直插值

(2)权重计算

垂直插值的权重计算较为简单,将 RTTOV 系数层编号与相邻的两个模式层编号的差作为权重,即式(4.20):

$$\begin{cases} dz(i)=zk(i)-int(zk(i)) \\ dzm(i)=1-dz(i) \end{cases} \tag{4.20}$$

(3)插值计算

垂直插值使用之前得到的权重将模式层上的气象要素插值到 RTTOV 系数层,即式(4.21):

$$u(i_n,j_n,k)=dz(k)\cdot u(i_n,j_n,m)+dzm(k)\cdot u(i_n,j_n,m+1) \tag{4.21}$$

4.3.3.2 分段对数线性插值

由于快速辐射传输模式(如 RTTOV)预先计算好大气各指定气压层上的透过率,通过回归方法模拟大气层顶辐射率,因此,快速辐射传输模式的突出特点之一就是拥有固定的气压分层。在同化卫星辐射率资料的过程中,需要使用模拟辐射率(或亮温)的雅可比矩阵。简单地说,雅可比矩阵是辐射传输模式输出的辐射率对输入的大气各要素廓线的导数矩阵,具体将在 4.4 节加以介绍。需要指出的是,该雅可比矩阵的垂直坐标轴必须与背景场保持一致。因此,需要将由快速辐射传输模式计算的在指定气压层垂直坐标下的雅可比矩阵映射至预报模式垂直坐标。

简单的线性垂直方案对雅可比矩阵的垂直坐标映射效果并不十分理想,特别是在模式分层数大于 RTM 的分层数时,会导致雅可比廓线的振荡。研究表明,当模式分层数是 RTM 分层数的 1.5 倍或更高时,雅可比廓线从 RT 模式垂直坐标到预报模式垂直坐标的映射将严重失真,造成同化得到的分析场质量下降,进而影响预报效果。图 4.12a 为原始 43 层 RT 坐标下的雅可比廓线映射到 CMAM(Canadian Middle Atmosphere Model)垂直坐标的对比图。可以看到映射后雅可比廓线出现了严重的振荡。为改善这个问题,本节设计了一种新的垂直分段对数线性插值方案。

在分段对数线性插值方案中,若要得到 RT 模式第 i 层的插值结果,则需要预报模式中与 RT 模式第 $i-1$ 层到第 $i+1$ 层垂直范围内重合的所有气层都要参与计算。x'_i 表示 RTTOV 固定垂直坐标下第 i 层的气象要素,$x(z)$ 为模式气压 p 上的气象要素,$z=\ln(p)$:

$$x'_i = \frac{\int_i^{i+1} w_i(z)x(z)\mathrm{d}z + \int_{i-1}^i w_i(z)x(z)\mathrm{d}z}{\int_i^{i+1} w_i(z)\mathrm{d}z + \int_{i-1}^i w_i(z)\mathrm{d}z} \qquad (4.22)$$

其中,权重函数 $w_i(z)$ 定义为:

$$w_i(z) = \begin{cases} 1-\left(\dfrac{z-z'_i}{z'_{i-1}-z'_i}\right) & z'_{i-1}<z<z'_i \\ 1-\left(\dfrac{z-z'_i}{z'_{i+1}-z'_i}\right) & z'_i<z<z'_{i+1} \\ 0 & z'_{i-1}<z, z<z'_{i+1} \end{cases} \qquad (4.23)$$

式(4.22)中的积分在实际计算中可以用求和来代替,对其进一步展开:

$$x'_i = \left\{ \sum_j \int_i^{i+1} w_i \left[x_j + (x_{j+1}-x_j)\left(\frac{z-z_j}{z_{j+1}-z_j}\right) \right] \right.$$
$$\left. + \sum_j \int_{i-1}^i w_i \left[x_j + (x_{j+1}-x_j)\left(\frac{z-z_j}{z_{j+1}-z_j}\right) \right] \right\} \mathrm{d}z \left(\frac{z'_{i+1}-z'_{i-1}}{2}\right)^{-1} \qquad (4.24)$$

$$x'_i = \sum_j (a^j_{i,i+1}x_j + b^j_{i,i+1}x_{j+1}) + \sum_j (a^j_{i,i-1}x_j + b^j_{i,i-1}x_{j+1}) \qquad (4.25)$$

$$x'_i = \sum_j W_{i,j}x_j \qquad (4.26)$$

式(4.26)即为分段对数线性插值的最简化表达式。表 4.1 为分段对数线性插值中模式层权重赋值算法的伪代码。

表 4.1　分段对数线性插值算法

步骤	伪代码	功能
1	Integer:,KN1,KN2,PX1(KN1), 2 PX(KN2),PZ(KN2,KN1),Kstart(KN1),Kend(KN1)	定义变量
2	dx=(px2(j+1)−px2(j)),dxd(j)=1.0_JPRB/dx	初始化

续表

步骤	伪代码	功能
3	z2＝px1(ki)， z1＝px1(ki−1)， z3＝px1(ki+1)	找 RTTOV ki 层相邻的 $i+1,i-1$ 层
4	dz12＝z1−z2,dzd12＝1.0_JPRB/dz12 dz32＝z3−z2,dzd32＝1.0_JPRB/dz32	计算相邻两层厚度
5	判断 z1,z2,px2(j),px2(j+1)之间的位置关系	找出与 RTTOV ki 层重合的模式层
6	判断 istart,iend	找出重合上下界
7	计算 dy,dzddy,w10,w20	计算权重函数中的各个组成部分
8	计算 zw_this,zw_next	计算重合各模式层的权重
9	计算 zz(j)＝zz(j)+zw_this,zz(kn2)＝zz(kn2)+zw_next	计算重合各模式层的权重之和
10	zsum＝1.0_JPRB/sum(zz(istart:iend)) pz(istart:iend,ki)＝zz(istart:iend) * zsum	得到 RTTOVki 层的插值结果

图 4.12b 为不同插值方案对雅可比矩阵从原始 RTTOV 43 层映射至 CMAM 模式垂直坐标的对比图。AL1 与 AL2 方案均为分段对数线性插值方案，AL1 分别指定 $w_i(z)$ 和 $x(z)$，而 AL2 将两者视为一个整体一起给定；AL3 为线性插值方案；AL4 重新定义了分段对数线性插值中的权重函数 $w_i(z)$。可以看出，除 AL3 方案外，其他方案都没有出现剧烈的振荡现象，且较好地表现出了峰值特征。

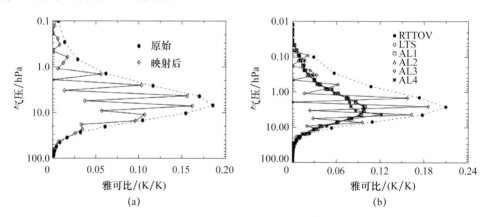

图 4.12 雅可比矩阵映射前后对比(Rochon,et al.,2010)
(a)垂直线性插值映射对比图,黑点 RTTOV43 层,圈点 CMAM 模式 60～100 层;
(b)不同插值方案的雅可比矩阵映射对比

4.3.4 观测点地表信息的获取

观测点处的地表信息主要包括地表类型(isflg)、植被类型(vegtype)和土壤类型(soiltype)。这些信息对于辐射传输模式计算至关重要，直接决定了该观测点辐射的发射率和吸收率，而且它们同样需要从模式空间的背景场中提取。另外，RTTOV 中所定义的地表类型与背景场中的并不一致,需要进行转换。因此,要获取观测点地表信息,需要经过定义权重、计算地表类型分数、判定地表类型、地表类型定义转换和判定植被土壤类型共五个步骤:

(1)定义权重

与前文相似,观测点的地表信息同样是借助其周围的四个格点来加以确定,因此需要根据格点与观测点的相对距离远近来赋予它们相应的权重。

$$
\begin{cases}
w_1 = \mathrm{d}xm \cdot \mathrm{d}ym \\
w_2 = \mathrm{d}x \cdot \mathrm{d}ym \\
w_3 = \mathrm{d}xm \cdot \mathrm{d}y \\
w_4 = \mathrm{d}x \cdot \mathrm{d}y
\end{cases}
\tag{4.27}
$$

(2)计算地表类型分数

背景场每个格点上均定义有四种地表类型,如表 4.2 所示。通过对四个格点地表类型的加权平均,可以得到该观测点上各种地表类型所占的比例,式(4.28)~(4.31):

表 4.2　背景场格点 4 种地表类型

变量	背景场地表类型	变量	背景场地表类型
land_sea$(i,j)=0$	海洋	snow$(i,j)=1$	雪
land_sea$(i,j)=1$	陆地	ice$(i,j)=1$	海冰

$$
\mathrm{lnd}p = \frac{1.0}{\mathrm{sum}(w) \cdot \left(\sum_{m=1}^{4} w_m \cdot \mathrm{land\_sea}(m)\right)}
\tag{4.28}
$$

$$
\mathrm{ice}p = \frac{1.0}{\mathrm{sum}(w) \cdot \left(\sum_{m=1}^{4} w_m \cdot \mathrm{ice}(m)\right)}
\tag{4.29}
$$

$$
\mathrm{sno}p = \frac{1.0}{\mathrm{sum}(w) \cdot \left(\sum_{m=1}^{4} w_m \cdot \min(\mathrm{snow}(m),1.0)\right)}
\tag{4.30}
$$

$$
\mathrm{sea}p = 1 - \mathrm{lnd}p
\tag{4.31}
$$

(3)判定地表类型

根据上面计算出的观测点处四种地表类型所占的比例,判定该观测点的地表类型(isflg)。这些地表类型包括 8 种,如表 4.3 所示:

表 4.3　判定观测点 8 种地表类型

isflg	观测点地表类型	isflg	观测点地表类型
0	海洋	4	绝大部分海洋
1	海冰	5	绝大部分海冰
2	陆地	6	绝大部分陆地
3	雪	7	绝大部分雪

对每个观测点,进行如表 4.4 的判定:

表 4.4　观测点地表类型判定

判定条件		isflg
$seap \geqslant 0.99$		0
$icep \geqslant 0.99$		1
$lndp \geqslant 0.99$		2
$snop \geqslant 0.99$		3
均小于 0.99 $seap > lndp$ $seap > icep$	$seap > snop$	4
	$seap \leqslant snop$	7
均小于 0.99 $seap > lndp$ $seap \leqslant icep$	$icep > snop$	5
	$icep \leqslant snop$	7
均小于 0.99 $seap \leqslant lndp$ $lndp > icep$	$lndp > snop$	6
	$lndp \leqslant snop$	7
均小于 0.99 $seap \leqslant lndp$ $lndp \leqslant icep$	$icep > snop$	5
	$icep \leqslant snop$	7

（4）地表类型定义转换

RTTOV 中定义的地表类型（surftype）数量较少,只有 land、sea、sea_ice 三种。因此,需要将上面判定的八种类型转换为三类,如表 4.5:

表 4.5　地表类型定义转换

isflg	surftype	isflg	surftype
0	1 （sea）	4	1 （sea）
1	2 （sea_ice）	5	2 （sea_ice）
2	0 （land）	6	0 （land）
3	0 （land）	7	0 （land）

需要指出的是,观测点地表的雪覆盖信息会单独保存在一个变量中（snow_frac）,并在 RTTOV 计算时加以调用。

（5）判定植被土壤类型

与上述判定地表类型不同,观测点处的植被、土壤类型并不需要周围格点的加权平均,而是与和它距离最近的网格点保持一致。格点的权重 w 正好表征了格点与观测点间距离远近,w 越小,距离越近。其具体实现程序见图 4.13:

```
minw=min(w(1),w(2),w(3),w(4))
if (minw == w(1)) then
ob_vegtyp = float(vegtyp (i,j))
ob_soiltyp = float(soiltyp(i,j))
else if (minw == w(2)) then
ob_vegtyp  = float(vegtyp (i+1,j))
……
end if
```

图 4.13   植被、土壤类型判定算法

4.4   辐射传输模式 RTTOV 的调用

在完成了由模式空间到观测空间的转换以及其他必要信息的准备之后,调用 RTTOV 函数来进行辐射率的模拟(即变量转换)。RTTOV 具有四个基本模式:正向模式(Forward model)、切线性模式(Tangent-linear model)、伴随模式(Adjoint model)和 K 矩阵模式(K-matrix model)。下面对这些模式进行逐一介绍。

(1)正向模式

RTTOV 中正向模式对应的函数是 rttov_direct(),其主要功能是在给定观测点的大气廓线及其他必要信息(如变量气体含量等)的前提下,计算该点大气层顶处指定 m 个通道的辐射率。其可以表达为:

$$\boldsymbol{Y}=\boldsymbol{H}(\boldsymbol{X}),(\boldsymbol{X}=\{x_1,x_2,\cdots,x_n\}^{\mathrm{T}}=\{u,v,\cdots,q\}^{\mathrm{T}},\boldsymbol{Y}=\{y_1,y_2,\cdots,y_m\}^{\mathrm{T}}) \quad (4.32)$$

同化系统在计算观测增量 $\boldsymbol{d}=\boldsymbol{y}_o-\boldsymbol{H}(\boldsymbol{x}_b)$ 时,就需要调用 rttov_direct() 来得到 $\boldsymbol{H}(\boldsymbol{x}_b)$。

(2)切线性模式

RTTOV 中切线性模式对应的函数是 rttov_tl()。考虑辐射传输模式是一个非线性模式,给大气廓线加一扰动,并将其线性化:

$$\boldsymbol{Y}+\delta\boldsymbol{Y}=\boldsymbol{H}(\boldsymbol{X}+\delta\boldsymbol{x})=\boldsymbol{H}(\boldsymbol{X})+\mathbf{H}\delta\boldsymbol{x}+O(|\delta\boldsymbol{x}|^2) \quad (4.33)$$

式中:$\mathbf{H}$ 为切线性观测算子。忽略高阶小项,进而可以得到:

$$\delta\boldsymbol{Y}=\mathbf{H}\delta\boldsymbol{x} \quad (4.34)$$

式(4.34)即为 RTTOV 切线性模式的表达式,由它可以得出大气廓线发生扰动的情况下,辐射率的变化情况。需要指出的是,切线性观测算子 $\mathbf{H}$ 亦称为雅可比矩阵:

$$\mathbf{H}_{i,j}=\left\{\frac{\partial y_i}{\partial x_j},i=1,\cdots,m;j=1,\cdots,n\right\} \quad (4.35)$$

综上,切线性模式输出的结果为所有状态变量的自由度之和:

$$\delta y_i=\frac{\partial y_i}{\partial x_1}\delta x_1+\frac{\partial y_i}{\partial x_2}\delta x_2+\cdots+\frac{\partial y_i}{\partial x_n}\delta x_n,i=1,\cdots,m \quad (4.36)$$

（3）伴随模式

RTTOV 中伴随模式对应的函数是 rttov_ad()。对于变分同化方法而言，关键是要找出所定义目标泛函 J 的极小值点。目前所用的迭代极小化方案均要求估计目标泛函的梯度，如最速下降法中需要使用 J 梯度的负方向（$-\nabla_x J$）作为搜索方向；共轭梯度或牛顿方法也需要使用梯度信息。因此，为了有效解决极小化问题，需要计算 J 对控制变量的梯度（Eugenia，2005）。伴随模式在计算 J 的梯度方面显示了较大的优越性。根据定义，可以将目标泛函 J 写为：

$$J = J_b + J_o \tag{4.37}$$

对于四维变分同化而言，目标函数背景项的梯度可以写为：

$$\nabla_{x(t_0)} J_b = B_0^{-1} [\boldsymbol{x}(t_0) - \boldsymbol{x}_b(t_0)] \tag{4.38}$$

而目标函数观测项的梯度较为复杂，使用伴随方法，其梯度可以表示为：

$$\nabla_X \boldsymbol{J} = \nabla_X \boldsymbol{Y} \, \nabla_Y \boldsymbol{J} \tag{4.39}$$

式中：$\nabla_X \boldsymbol{J} = \left(\dfrac{\partial \boldsymbol{J}}{\partial x_1}, \cdots, \dfrac{\partial \boldsymbol{J}}{\partial x_n} \right)^T$；$\nabla_Y \boldsymbol{J} = \left(\dfrac{\partial \boldsymbol{J}}{\partial y_1}, \cdots, \dfrac{\partial \boldsymbol{J}}{\partial y_m} \right)^T$；$\nabla_X \boldsymbol{Y}$ 为雅可比矩阵 $\mathbf{H}$（正体表示切线模式）的转置，即 $\mathbf{H}_{i,j}^T = \left\{ \dfrac{\partial y_i}{\partial x_j}, j=1,\cdots,n; i=1,\cdots,m \right\}$。令

$$\delta \boldsymbol{X} = \nabla_X \boldsymbol{J}, \delta \boldsymbol{Y} = \nabla_Y \boldsymbol{J} \tag{4.40}$$

则式（4.39）可以写成

$$\delta \boldsymbol{X} = \mathbf{H}^T \delta \boldsymbol{Y} \tag{4.41}$$

与切线性模式相对应，伴随模式输出的结果为所有通道的自由度之和：

$$\delta x_i = \frac{\partial y_1}{\partial x_j} \delta y_1 + \frac{\partial y_2}{\partial x_j} \delta y_2 + \cdots + \frac{\partial y_m}{\partial x_j} \delta y_m, j=1,\cdots,n \tag{4.42}$$

（4）K 矩阵模式

RTTOV 中 K 矩阵模式对应的函数是 rttov_k()，其主要任务是计算雅可比矩阵 $\mathbf{H}$。该模式只是在伴随模式的基础上做了一些修改，为了得到 $\mathbf{H}$，它将输入的 $\delta^* y_1, \delta^* y_1, \cdots, \delta^* y_m$ 均设置为 1。

本章推导出了适用于红外波段的大气辐射传输方程，并阐述了高光谱通道权重函数的概念和特点。需要指出的是，权重函数是卫星进行大气垂直探测的理论基础，也是通道选择的重要参考。针对红外高光谱资料自身的特点，研究了适用于该资料的辐射传输模式的新特点和新方法。最后，本章重点阐述了红外高光谱同化观测算子的设计实现，详细论述了空间转换和变量转换的原理和程序实现，特别是在空间转换垂直插值中设计了分段对数线性插值方法，有效地改善了雅可比矩阵在垂直坐标映射中的振荡问题。

第5章
卫星红外高光谱资料质量控制和偏差订正方法

5.1 卫星红外高光谱资料质量控制方法

5.2 卫星红外高光谱资料偏差订正方法

5.1 卫星红外高光谱资料质量控制方法

观测资料的质量控制 QC(quality control)是资料同化流程中的至关重要步骤(Lorenc,et al.,2010a,2010b),其效果直接影响资料同化分析场的质量。观测资料的质量控制是进行客观分析或资料同化之前对观测进行检查并剔除错误观测的过程(朱江,1995)。质量控制主要基于两方面的原因,一方面观测本身存在误差需要进行质量控制;另一方面是应用资料同化方法为求解最优分析场引入了相关假设需要进行质量控制促使观测适应其同化方法的数学模型。在卫星红外高光谱资料同化中通过质量控制过程来考虑不同卫星载荷不同通道观测资料的定量应用,从而剔除质量不好的观测资料、保留质量好的观测资料和根据不同的质量层级赋予观测不同的权重。

5.1.1 观测误差

观测误差是变分同化系统中关键的参数之一,其精度很大程度上决定了分析场的精度,对同化效果有直接的影响。对一种新观测的观测误差的估计,是对其进行同化应用过程中必不可少的工作。对于卫星红外高光谱辐射率资料同化来说,观测误差主要包括仪器误差、代表性误差、观测算子误差和人为误差等方面(梁顺林 等,2013a,2013b)。仪器误差由探测仪器的精度有限而引入误差,主要是仪器不能精确测量所代表的变量。代表性误差则来源于仪器测量变量与相应模型变量直接按的尺度不匹配或时空差异性,实际上也存在正确的观测可能反映了大气现象的次网格过程但模式或分析不能分辨该精细观测结构(Kalnay,2002)的情况。仪器误差和代表性误差可以看作随机误差,假设为正态分布,能通过校正或用其他的求平均等方法来确定。观测算子误差,包含了观测插值到模式位置空间由插值过程引入的误差,对于辐射率资料则还包含观测算子的辐射传输计算对散射和云雨物理等过程描述不够精确、读入的下垫面发射率以及背景场廓线信息引入的误差和切线性近似计算过程等带来的误差。人为误差则是观测资料文件的编码、存储和预处理过程中由人为因素或在计算以及资料传输过程中产生的不确定或重大误差,例如错误的日期、时间和观测位置等。观测算子误差和人为误差等属于非高斯型的显著误差,这类观测误差很大程度上不能满足高斯分布。基础的质量控制方式,对于有重大错误的观测可能引起分析中不成比例的大的误差,通常采取在分析中直接剔除的策略。

5.1.2 变分质量控制

质量控制是红外高光谱资料同化的重要步骤。基础的质量控制方式,对于有重大错误的观测可能引起分析中不成比例的大的误差,通常采取在分析中直接剔除的策略。

变分质量控制受变分方法的约束。变分同化方法的观测目标函数建立在观测误差服从高斯分布的基础上。资料同化从本质上可以近似为分析增量 $x_a - x_b$ 的一种线性近似。

$$x_a - x_b = w^{\mathrm{T}}(H(x_b) - y_{obs}) \tag{5.1}$$

式中：x_a 为最优化求解的分析场；x_b 为背景场，上标 T 表示转置；$w = (w_1, w_2, \cdots, w_N)^{\mathrm{T}}$，是分析的后验权重，与观测无关。背景场和观测资料读入到同化系统之后，会使用空间转换程序和辐射传输模式来得到观测点处特定通道大气层顶的模拟辐射率，进而可以计算观测增量，$d = H(x_b) - y_{obs}$。然而在 d 用于同化之前，还必须经过质量控制和偏差订正两个步骤，这样才能保证进入试验系统的观测是合理可靠的，且其误差不会对同化结果带来负面影响。最优化求解分析场 x_a 的过程基于最大似然估计，假设观测误差服从高斯分布，则通过实际资料计算得到的分析场概率分布应该满足高斯分布。错误的观测资料使得观测增量的分布偏离高斯分布，从而影响同化结果，降低分析场的精度（邹晓蕾，2009）。

近年来，质量控制方法有所改进，将原来被舍弃的资料经过订正；对于怀疑有误差的观测给予连续的加权处理，即产生较小的 w 权重值，对于准确的资料产生较大的 w 权重值，增加对改善同化分析场的影响。

目前资料同化系统中常用的质量控制方法，将观测与特定的期望值（气候值、邻近观测或者初始值的平均）的比较为基础。同化系统在模拟云的辐射传输过程等方面局限性以及数值预报模式在描写湿物理过程等方面存在的问题，这些情况构成了背景场的部分误差源。红外高光谱资料同化过程中将观测相同时刻的预报背景场廓线通过观测算子计算出与观测等价的亮温作为期望值，如不等式(5.2)所示，将观测值（观测通道亮温）和期望值（模拟的通道亮温）的差即通道亮温观测增量 $|O - B|$，与估计的标准差 σ 的相比较，来度量红外高光谱通道观测质量。

$$|O - B| < n\sigma \tag{5.2}$$

式中：n 为常数。如果通道亮温观测增量超过了标准差的 n 倍，则判定观测是错误的，小于标准差的 n 倍，则认为观测是合理的。背景场模拟亮温越准确，即越接近真值，则该质量控制方法判定结果越准确。换句话说，期望值越准确越能表征观测相对于真值存在的偏差大小。若期望值相对真值存在较大的偏差，即使观测再准确，观测增量仍然较大，同样不满足小于标准差一定倍数的条件，则该方法将观测识别为携带较大误差观测。

5.1.3　资料稀疏化技术

在数值天气预报同化系统中，运用完整的观测资料可能会导致一系列的问题：一是观测值和状态向量的规模过大，使得计算资源成本过高，占用内存空间过多；二是在观测密集区的观测值过于繁冗，导致观测资料的利用效率较低；三是可能违背观测误差相互独立的假定或误差相关性不是很明确，使得计算结果不理想。在实际应用中，为了减少计算量，通常假设观测误差协方差矩阵是对角阵，即不考虑观测资料之间的相关性。由于卫星探测器扫描观测点之间的间隔较小，从而观测资料数量较多，考虑到变分同化的时效性和变分同化的理论要求，在实际业务应用中卫星通道亮温资料进入变分同化系统之前需要进行数据的稀疏化处理。

为了保证观测误差协方差矩阵为对角矩阵的假设，除了要求观测在光谱通道上相互独立，还需要观测在空间上也是无关的。观测的误差相关是未知的,如果对观测误差相关做出估计会极大地增加计算复杂度。此外,观测资料的密度和模式网格分辨率之间存在一种联系,当观测资料的密度太大,并且忽略观测误差相关时,同化得到的分析场质量下降。上述问题是研究数据稀疏化方法的动机,其目的在于减小观测之间的空间误差相关性,同时从观测资料中提取出能够在资料同化系统中最优使用的必要信息。

5.1.4 质量控制应用

在资料同化方案中,针对红外高光谱观测资料的质量控制是非常重要的一个环节,任何一个错误的数据都会导致分析出现明显偏差。不同于存储常规观测资料的 prepbufr 文件中有质量标记,红外高光谱资料的 bufr 文件中并不包含观测质量信息,因此,对其质量控制需要在同化系统内部完成。由于受到天气条件、下垫面状况、地理位置变化以及观测几何条件等影响,高光谱资料可能存在的误差较大。对于红外高光谱资料而言,质量控制主要是在计算完观测增量和偏差订正之后进行,它包含包括极值检测、临边检测、下垫面检测、云量检测、通道亮温偏差(OMB)检查等步骤,通过质量控制使得参与统计的数据更加合理有效,以便最大程度地发现并剔除有问题的观测数据。

以 WRFDA 资料同化系统为例,其中带有多个质量控制程序,它们与不同的卫星遥感仪器相对应。检测 AIRS 资料的程序包含有 11 个检测步骤,见表 5.1。图 5.1a 显示了 2013 年 11 月 8 日 06 时 AIRS 瞬时视场的分布情况;图 5.1b 显示了 AIRS 第 261 号通道在同一时间和区域下,经过同化系统对视场进行稀疏化和质量控制后的分布情况。在 43084 个瞬时视场中,最终只有 7057 个用于同化。

表 5.1　WRFDA 中 AIRS 资料 qc 检测步骤

步骤	检测标准	执行动作
1	若某一观测点模式海表温度与 AIRS 亮温计算的海表温度之差>3.5 K 或<-0.6 K	舍弃该视场
2	若某一观测点云覆盖面积$>5\%$	
3	isflg>0,且 only_sea_rad$=$. true	
4	若某一观测点为扫描线两端处的 3 个观测点之一	
5	若某一观测点的云水路径>0.05	
6	若某一观测点的第 914 号通道亮温<271 K	
7	isflg>0,且某一通道地表发射率雅可比分量>0.1	舍弃该通道
8	某一通道模式顶层的温度雅可比分量大于所有层之和的 0.1 倍	
9	某一通道模式顶层的湿度雅可比分量大于所有层之和的 0.1 倍	
10	某一通道观测增量$\lvert \boldsymbol{O}-\boldsymbol{B} \rvert>15$ K	
11	某一通道观测增量$\lvert \boldsymbol{O}-\boldsymbol{B} \rvert>$观测误差的 3 倍	

对于红外高光谱 IASI 资料而言,质量控制主要是对下垫面、临边、极值、模拟值和观测值之间的偏差等进行检测。具体方法如表 5.2 所示。

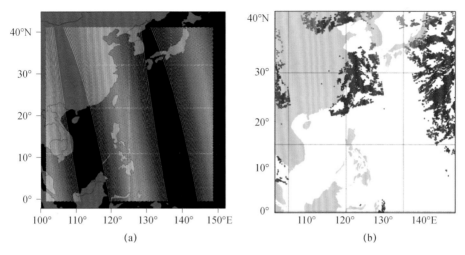

图 5.1　AIRS chan261 质量控制前后 FOV 分布对比

表 5.2　IASI 观测资料质量控制步骤

步骤	检测标准	舍弃的要素
1	混合地表上空的 IASI 观测,isflag=4,5,6,7	
2	观测视场为 IASI 扫描线两端处的 5 个观测视场	该观测视场
3	若某一观测视场的云水路径≥0.2 kg/m²	
4	某一通道的波数>2400 cm⁻¹	
5	某一通道观测增量$\lvert O-B \rvert$>15 K	该通道
6	某一通道观测增量$\lvert O-B \rvert$>观测误差的 3 倍	

图 5.2a 显示了 2015 年 5 月 9 日 00 时观测的 IASI 瞬时视场分布情况;图 5.2b 显示了 2015 年 5 月 9 日 00 时 IASI 第 323 号通道在同一时间和区域下,经过同化系统对视场进行 60 km 稀疏和质量控制后的分布情况。可以看出,在 4563 个瞬时视场中,最终只有 1256 个视场进入同化系统。

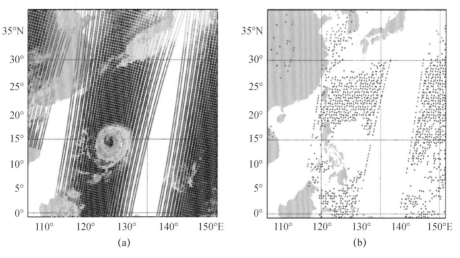

图 5.2　观测的 IASI 瞬时视场(a);稀疏和质量控制后视场分布(b)

5.2 卫星红外高光谱资料偏差订正方法

资料同化最优化求解过程中,假设预报模式和观测系统没有系统性偏差,即具有无偏的统计特性。实际上,由于在预报系统中存在初始化偏差、下边界条件的系统性偏差、物理参数化方案的偏差等,观测系统中存在观测站点的系统偏差、仪器校正偏差、仪器光谱响应函数描述偏差、观测算子正演和切线近似偏差等。通常认为计算得到的观测增量 d 存在一定的偏差,它能在一个非常短的周期内,带来与数值预报系统偏差相当的破坏效果。这些偏差主要源于以下几个方面:①卫星仪器自身(如缺乏校准或不利的环境影响;②辐射传输模式中物理和光谱学原理的描述错误,以及无法模型化的大气过程所引起的误差;③数值预报模式自身的误差。这些偏差的存在使得同化中假设的预报模式和观测系统均无偏差的随机性统计假设不成立,造成资料同化得出的最优解偏差较大。这些系统偏差具有一定的特征:或恒定、或周期性变化、或非周期变化但可以预测。Kanamitsu 等(1996)证实了可以将这些模式的系统性偏差消除。

5.2.1 偏差订正方法

有两种方法进行偏差订正:一种是基于 Harris 和 Kelly(2001)的理论得来的。该方法将一个离线统计包中预计算出的一系列系数文件,与背景场中偏差预报因子进行线性组合来实现偏差订正;第二种是使用 Dee(2005)提出的变分偏差订正(VarBC)。这种方法在目标泛函中引入偏差订正的控制变量,使每个同化循环的订正值达到最优。

一般偏差订正量 BC 可表示为 N 个预报因子状态变量 $P_i(\boldsymbol{x})$ 和与预报因子对应的偏差订正系数 β_i 的线性组合:

$$\text{BC} = \sum_{i=1}^{N} \beta_i \cdot P_i(\boldsymbol{x}) \tag{5.3}$$

式中:N 表示预报因子个数;下标 i 表示第 i 个选取的预报因子。由于偏差订正作用于观测增量,其效果等同于一个修改后的观测算子 $\tilde{\boldsymbol{H}}$:

$$\tilde{\boldsymbol{H}}(\boldsymbol{x},\beta) = \boldsymbol{H}(\boldsymbol{x}) + \text{BC}(\beta,\boldsymbol{x}) \tag{5.4}$$

将这个观测算子应用于目标泛函,即可获得适应于背景场 x 和红外高光谱观测场的最优订正系数:

$$\boldsymbol{J}(\boldsymbol{x},\beta) = \frac{1}{2}(\boldsymbol{x}^b - \boldsymbol{x})^{\mathrm{T}} B_x^{-1}(\boldsymbol{x}^b - \boldsymbol{x}) + \frac{1}{2}[\boldsymbol{y}_o - \tilde{\boldsymbol{H}}(\boldsymbol{x},\beta)]^{\mathrm{T}} R^{-1}[\boldsymbol{y}_o - \tilde{\boldsymbol{H}}(\boldsymbol{x},\beta)] \tag{5.5}$$

5.2.2 偏差订正应用

偏差订正指观测亮温同模拟亮温之间的差异。偏差主要来源于观测误差、辐射传输模式计算误差和背景场误差。这些偏差与数值模式预报的短期预报场的典型误差和相应的辐射变化相当,因此必须将辐射观测值的系统性偏差订正到这个水平以下,否则辐射资料同化将难以对数值模式产生正效应。

各种不同来源的偏差(以及它们的组合形式)十分复杂,而且偏差出现以后并不是一成不变,它们可以随时间变化(日变化或者季节性变化);随地理位置变化,包括气团和下垫面(陆地、海或者冰)的变化;甚至会随卫星的扫描角度变化等。所以对于偏差订正需要开展大量的工作。

为检验变分偏差订正的实际性能,以 AIRS 资料为例,统计在偏差订正前后的统计量值。图 5.3 为 AIRS 第 204 号通道在偏差订正前后散点分布对比图。可以看到,经过偏差订正后,散点的平均值(mean)、标准差(stdv)、均方根(rms)都有了较为明显的下降。式(5.6)、(5.7)和(5.8)分别是上述三个量的计算公式:

$$\text{mean} = \frac{1}{n} \sum_{i=1}^{n} (T_{ob} - T_{bk}) \tag{5.6}$$

$$\text{stdv} = \sqrt{\frac{1}{n-1} \sum_{i=1}^{n} (T_{ob} - T_{bk} - \text{mean})^2} \tag{5.7}$$

$$\text{rms} = \sqrt{\frac{1}{n} \left[\sum_{i=1}^{n} (T_{ob} - T_{bk})^2 \right]} \tag{5.8}$$

对 IASI 资料同化的亮温增量进行变分偏差订正,采用 RTTOV 辐射传输模式作为观测算子,其 8 个预报因子如表 5.3 所示。图 5.4 以 IASI 第 212 号通道为例,显示了 2015 年 5 月 9 日 00 时(UTC)在变分偏差订正前后 IASI 散点分布对比图。经过变分偏差订正后,大部分通道散点的平均值、标准差、均方根都有了较为明显的下降。

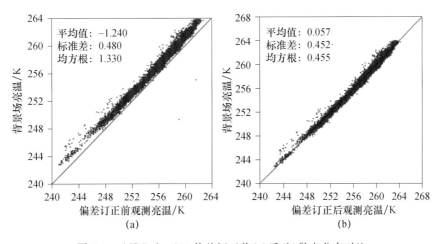

图 5.3   AIRS chan204 偏差订正前(a)后(b)散点分布对比

表 5.3   IASI 偏差订正预报因子

序号	预报因子
P0	1(常数)
P1	1000~300 hPa 位势高度
P2	200~50 hPa 位势高度

续表

序号	预报因子
P3	表面温度
P4	总降水
P5	IASI 扫描角（θ）
P6	IASI 扫描角的平方（θ^2）
P7	IASI 扫描角的立方（θ^3）

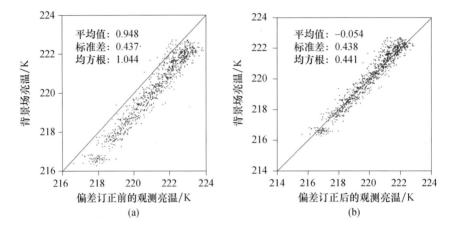

图 5.4　IASI 通道 212 偏差订正前（a）和订正后（b）散点图

第6章
卫星红外高光谱云检测方法

云检测是利用卫星资料研究云对气候系统作用至关重要的第一步,云量的空间、时间变化强烈影响着行星反照率梯度和地表能量交换,进一步影响区域、全球气候。研究云的辐射特性首先要确定何时何地有云,或者何时何地晴空无云,由于地基云量观测资料很有限,因此必须借助卫星资料进行检测,这正是卫星观测的优势。在"高分辨率对地观测系统"红外高光谱卫星载荷的辐射率资料同化中,云检测能有效提高卫星资料利用率和避免潜在可用信息的丢失,因此是一个必须解决的关键技术。

红外高光谱对云很敏感,受云的影响很大,仅在长波红外 15 μm 处的中层对流层温度探测通道的影响能达到 10 K(绝对温标),远远大于大气温度廓线不确定性或者大气成分廓线不确定性对辐射率观测带来的影响(董超华 等,2013)。这种信号幅值上的巨大差异使得直接同化受云影响的红外高光谱观测资料难度很大(Pavelin et al.,2008)。

国内外学者专家针对红外高光谱云检测方法上开展了一系列卓有成效的研究工作。Menzel 等(1983)通过 CO_2 切片方法计算云顶气压和有效发射率来反演云导风;Smith W L 等(1990)使用相同方法计算了云顶气压和有效发射率并对 ATOVS 大气红外探测资料进行云检测。McNally 等(2003)针对 AIRS 观测云检测提出了一种寻找不受云影响的通道云检测方案,通过利用有云区域不受云影响的通道增加了可供使用的观测资料量。以上三种云检测方法都需要用到大气温度、湿度、臭氧和地表温度等先验信息。Goldberg 等(2002;2003)提出了适用于 AIRS 资料的 NESDIS-Goldberg 云检测方案,分别对陆地和海洋表面的视场进行云检测。官莉等(2007)运用与 AIRS 观测空间匹配的 MODIS 的 L2 级产品云掩膜来确定受云污染的视场。陈靖等(2005,2010)借鉴 Goldberg 的云检测的思想,通过 AIRS 通道和相应微波通道的经验组合来进行云检测,并应用到 GRAPES-3DVar 系统中。刘航(2014)借鉴 McNally 云检测方案的基本思想,基于通道排序、波段分离、数值滤波和云识别等技术设计和实现了对红外高光谱 AIRS 资料的云检测算法,并将该云检测算法实现到中尺度区域天气预报模式的变分同化系统 WRFDA 中。余意(2017)基于 McNally 云检测方法,调整参数形成大阈值 LMW 云检测方法,能效提高 IASI 资料同化分析场的准确性,改善台风预报技巧。

在晴空大气条件下当前同化系统中所使用的快速辐射传输模式计算辐射率的精度较高,而在云水存在的复杂辐射环境下,大气中气溶胶粒子的吸收、散射、折射等效应显著增强,快速辐射传输模式的计算精度依然存在较大差距。所以,在目前的同化系统中,需要增加卫星辐射率资料云检测功能,剔除受云水影响的观测资料,从而降低计算过程中的误差。

6.1 基于晴空通道的云检测方案

目前大多数同化系统所采用的云检测方案大多为基于选择晴空视场的思想。这种思想会造成红外高光谱观测资料的巨大浪费,且不利于大气中天气系统的信息进入同化系统。McNally 和 Watts(2003)提出了一种基于晴空通道的新的云检测方案。这种方法将同化观测的着眼点从瞬时视场转移到了通道本身,通过寻找瞬时视场内对云不太敏感的通道进行同化,

较好地克服了晴空视场云检测方案中出现的不足。根据这一新的云检测思想,本节以 WRFDA
系统为平台,介绍实现基于晴空通道的云检测方案。

与以往云检测将着眼点放在观测视场是否有云不同,晴空通道的云检测方法的重点在于
视场中各个通道是否受云影响的甄别。其基本思想是:首先在波段划分的基础上将观测数据
与晴空假定下模拟的辐射率之间的距平按通道对云的敏感度加以排序,使云信号能够随着排
序单调变化;其次采用数字滤波方法处理距平数据,以降低距平数据中包含的大气和仪器噪声
信号;最后在经过排序的通道序列基础之上,对通道进行循环,以找出云信号第一次变得显著
的通道。以这个通道为分界,排序在此通道之上的通道(即对云不太敏感的通道)予以保留,将
排序在此通道之下的通道舍弃。

综上所述,本节以 WRFDA 为平台,全面阐述了基于晴空通道云检测方法的思想和具体
实现过程;分别给出了指定通道高度和波段划分、通道排序、数字滤波和晴空通道搜索四个云
检测关键步骤的原理和关键算法;针对通道高度算法中计算较为粗略的问题进行改进,使得新
计算得到的通道高度精确到了小数点两位;重点分析了通道排序算法的计算开销,指出了使用
堆排序算法的优越性;在晴空通道搜索算法中,对五种可能的情形逐一做了讨论,给定了每种
情形下的起始通道;同时,对于晴空通道搜索算法中的低冷情况进行了完善,修正了其错误判
定晴空视场的现象。在本节最后总结了晴空通道云检测方法的一般流程和其程序实现框架,
并详尽说明了晴空通道云检测算法与 WRFDA 系统的对接技术。晴空通道的云检测方法包
括了波段划分、通道排序、数字滤波、循环搜索四个步骤,下面就这四个方面分别加以介绍。

6.1.1　通道高度的指定与波段划分

以通道对云的敏感度为标准,对红外高光谱仪器的通道加以排序,是能够成功进行晴空通
道云检测的前提。目前有多种方法可以定义通道对云的敏感度,本书中使用的方法是为每个
通道指定一个"通道高度"。其具体做法是:对于某一瞬时视场中的一个通道,可利用辐射传输
模式计算在晴空条件下的辐射值 R_{clear}。随后在该瞬时视场上空某一高度处放置一层不透明
云(可以视为黑体),此时可计算得到一个全云辐射值 R_{cloudy}。当 R_{clear} 和 R_{cloudy} 之间的偏差与
R_{clear} 的比率刚好超过某一指定阈值时(一般取 0.01),此时放置不透明云的高度就是该通道的
"通道高度",即:

$$z\_d0 = \frac{|R_{cloudy}(ilev) - R_{clear}|}{R_{clear}} > 0.01 \tag{6.1}$$

$$z\_xlevsave = ilev \tag{6.2}$$

需要指出的是,这种指定通道高度 ilev 的方法比较粗略,对于 AIRS 资料而言,可能出现
多个通道的通道高度相同的情况。因此,在式(6.1)的基础上,改进了通道高度的计算方法:若
在某一模式层高度的比率刚好超过 0.01 时,还需计算模式下一层与当前模式层之间的辐射比
率,如式(6.3):

$$z\_d1 = \frac{|R_{cloudy}(ilev+1) - R_{clear}|}{R_{clear}} \tag{6.3}$$

在得到 z_d0 和 z_d1 之后,计算一个新参数 z_xinc,令

$$z\_xinc = \frac{0.01 - z\_d0}{z\_d0 - z\_d1} \tag{6.4}$$

最终每个通道对应的通道高度 rad_levs(ich)为：

$$rad\_lev(ich) = z\_xlevsave - z\_xinc \qquad (6.5)$$

可以看出,新参数 z_xinc 实际上是对原有通道高度的一个修正值,并且将通道高度的数值精确到了小数点后两位。

设计使用式(6.3)、(6.4)、(6.5)改进通道高度主要是基于以下两点考量：

① 按照通道高度的定义,在某一高度辐射率比率刚好超过 0.01 时,该高度定为通道的通道高度。因此,通道高度算法是通过循环模式层来指定的,其值对应模式层数。对于不同通道对应同一通道高度的情况,只能在该模式层附近进行调整。

② 对于原先同一通道高度的两个通道,若某一通道对云的敏感性较强(权重函数峰值高度较低),则可以通过式(6.3)来获得较大的 z_d1,进而在式(6.4)中就能对应较小的 z_xinc(正值),最后获得数值较大的通道高度(模式层数越大,越接近地表)。

图 6.1 为新改进的通道高度指定算法,图 6.2 为计算得到各通道的通道高度数值。

通道高度指定
1   do ich=1,nchannels
2   ifound=0
3   z_xlevsave=0.0
4   z_xinc=0.0
5   do ilev=nlevs,1,-1
6   z_d0=abs((rad_ovc(ich,ilev)-rad_clr(ich))/rad_clr(ich))
7   if(ifound == 0.and.z_d0 > 0.01)then
8   z_xlevsave=real(ilev)
9   ! 加入新的判断
10   if(ilev < nlevs)then
11   z_d1=abs((rad_ovc(ich,ilev+1)-rad_clr(ich))/rad_clr(ich))
12   else
13   z_d1=0.0   !   地面指定为 0
14   endif
15   z_xinc=(0.01-z_d0)/(z_d0-z_d1)
16   ifound=1
17   endif
18   enddo
19   rad_levs(ich)=z_xlevsave-z_xinc
20   enddo

图 6.1　改进的通道高度指定算法

在使用改进的通道高度算法来得到每个通道的通道高度之后,就可根据通道高度的从小到大对通道进行排序。实际上,这种排序方法是基于低高度/高气压尾翼通道权重函数的原理。因此,其排序结果与使用各个通道权重函数下半部分进行排序的结果相同,即高空通道(权重函数极大值高度较高)由于权重函数下半部分面积较小,因而通道高度较低,对应模式层高度较高,排序靠前;低空通道(权重函数极大值高度较低)由于权重函数下半部分面积较大,其通道高度较高,对应模式层高度较低,排序靠后。图 6.3 考察了 AIRS 某一瞬时视场内高空通道(channel 22,63 hPa;channel 207,433 hPa)和低空通道(channel 1868,999 hPa;channel 950,1085 hPa)的权重函数的垂直分布和它们对应的通道高度,可以看出,以通道高度作为排序标准是有效的。

通道的云信号包含在观测辐射率 R_{obs} 和模拟辐射率 R_{sim} 的偏差中,高空通道包含的云信号较少,所以偏差较小,低空通道与之相反。使用通道高度来进行的目的,是为了使云信号(辐射率偏差)能随着通道排序单调递增。通过选取 2013 年 11 月 8 日 06 时(UTC)台风"海燕"个

排序前	序号	通道号	通道高度	Tob	Tsim	亮温偏差
RAD_TB:before_sort	1	1	24.10	212.11	211.68	0.43
RAD_TB:before_sort	2	6	24.57	211.55	212.37	-0.82
RAD_TB:before_sort	3	7	26.32	208.39	207.61	0.78
RAD_TB:before_sort	4	10	21.28	216.38	216.36	0.02
RAD_TB:before_sort	5	11	19.67	219.86	220.78	-0.92
RAD_TB:before_sort	6	15	25.22	207.08	206.51	0.57
RAD_TB:before_sort	7	16	23.16	213.13	213.15	-0.02
RAD_TB:before_sort	8	17	19.54	221.77	221.12	0.65
RAD_TB:before_sort	9	20	24.99	206.50	207.73	-1.23
RAD_TB:before_sort	10	21	25.14	206.51	206.13	0.38
RAD_TB:before_sort	11	24	23.92	209.16	210.47	-1.31
RAD_TB:before_sort	12	24	20.24	218.83	219.13	-0.30
RAD_TB:before_sort	13	27	25.03	205.62	206.61	-0.99
RAD_TB:before_sort	14	28	24.51	207.74	208.39	-0.65
RAD_TB:before_sort	15	30	19.48	219.66	220.78	-1.12
RAD_TB:before_sort	16	36	19.15	219.51	221.16	-1.65
RAD_TB:before_sort	17	39	24.87	208.12	207.88	0.24
RAD_TB:before_sort	18	40	25.05	205.47	206.45	-0.98
RAD_TB:before_sort	19	42	19.68	220.27	220.37	-0.10
RAD_TB:before_sort	20	51	24.53	207.34	208.41	-1.07
RAD_TB:before_sort	21	52	25.07	207.87	207.91	-0.04
RAD_TB:before_sort	22	54	19.21	226.10	225.36	0.74
RAD_TB:before_sort	23	55	16.57	226.60	226.50	0.10
RAD_TB:before_sort	24	56	19.79	220.40	221.01	-0.61
RAD_TB:before_sort	25	59	24.25	210.93	211.33	-0.40
RAD_TB:before_sort	26	62	21.36	213.18	214.16	-0.98
RAD_TB:before_sort	27	63	21.32	214.40	215.14	-0.74
RAD_TB:before_sort	28	68	21.55	211.56	212.15	-0.59
RAD_TB:before_sort	29	69	23.50	206.78	207.77	-0.99
RAD_TB:before_sort	30	71	21.06	212.87	213.12	-0.25
RAD_TB:before_sort	31	72	19.63	215.07	216.62	-1.55
RAD_TB:before_sort	32	73	16.33	230.37	230.24	0.13
RAD_TB:before_sort	33	74	13.40	244.62	244.67	-0.05
RAD_TB:before_sort	34	75	10.87	249.40	246.37	3.03

图 6.2　改进的通道高度指定算法的计算结果

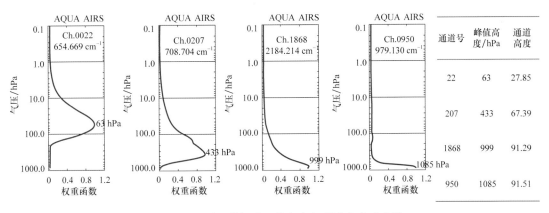

图 6.3　不同通道权重函数高度与通道高度对比图

例中经纬度坐标为(113.30°E,28.13°N)的一个 FOV 中 281 个红外高光谱通道进行统计,其中亮温偏差 d 的定义为:$d = R_{obs} - R_{sim}$,得到通道排序前后以及波段划分之后 d 的分布情况。如图 6.4 所示:

图 6.4a 为在(113.30°E,28.13°N)FOV 处观测所得的 AIRS 281 个通道亮温以及相应辐射传输模式模拟得到的晴空亮温随通道序号的分布。可以看到,二者的变化趋势相同,但数值具有一定偏差。这一偏差中就包含着我们要找的云信号。同时还注意到,不同通道的偏差值并不相同,这就是由于通道对云的敏感性(通道高度)不同而造成的;图 6.4b 为通道排序前观测偏差随通道序号的分布图。可以看到,观测偏差值并不随通道序号单调变化;图 6.4c 为通道排序后观测偏差随通道高度的分布图。采用通道高度作为标准,对通道重新排序,观测偏差呈现出了一定的单调性趋势,但在排序的中间部分分布散乱。导致这种结果的原因是排序中

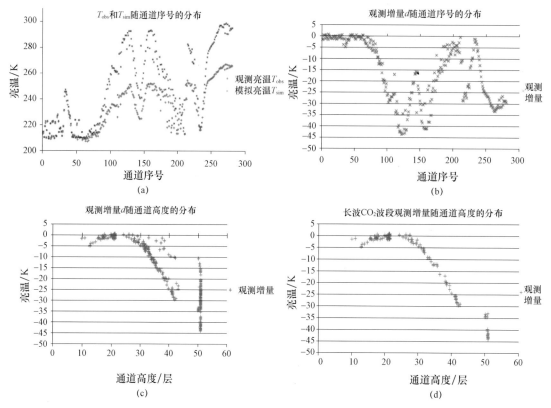

图 6.4　海燕区域 FOV(113.30°E,28.13°N)通道观测增量分布

没有考虑红外波段云发射率的变化,因此,在排序之前,还需要将通道按照其云发射率的变化粗略地进行波段划分。通常将红外波段分为 5 个部分,分别对应为长波 CO_2 波段、O_3 波段、水汽波段、5.5 μm CO_2 波段和 5.2 μm CO_2 波段。图 6.4d 为经过波段划分后长波 CO_2 波段观测偏差随通道高度的分布。可以明显看到,观测偏差随通道高度单调分布,对于一些不服从单调分布的通道,可能是由于通道存在噪声的干扰,这将在 6.1.3 小节加以讨论。

综上所述,本节实现的通道高度指定方法较好地表示了通道对云信号的敏感性,波段划分对实现云信号的单调性至关重要。

6.1.2　通道排序算法

在晴空通道云检测算法中,由于"通道高度"的指定会受到不同空间区域的下垫面和大气状态影响,因此不同瞬时视场中同一通道的通道高度也有所不同,需要对每一个瞬时视场都进行通道排序。对于红外高光谱探测器而言,其通道数量众多(AIRS,2378;IASI,8460;CrIS,1305),即使经过通道选择,用于同化系统的通道数量依然能达到数百个之多。另外,观测视场数量庞大也是红外高光谱资料的一个突出特点,尽管并行计算已成为世界各个气象预报中心系统的基本业务运行方式,但由于任务划分粒度与处理器间通信量之间的矛盾,同化作业的并行效率存在上限,不可能不加限制的细化任务粒度、增加处理器个数。因此,在实际同化业务中,每个处理器上所分配的观测数量依然庞大。以台风"海燕"天气过程为例,在 0°—42°N,

$100°$—$148°$E 的区域上对 2013 年 11 月 8 日 06 时(UTC)的 AIRS 资料进行同化,用 16 个处理器并行计算,平均每个处理器要计算 2692 个瞬时视场。这就意味着平均每个处理器需要做 2692 次 AIRS 通道排序,每次排序的通道数量为 281 个。若使用一般的排序算法,则大量的排序需求所引起的漫长的 CPU 计算时间往往令人难以忍受,成为计算瓶颈。因此,需要为云检测方法提供一种快速高效的排序算法。

在晴空通道云检测算法的程序实现中引入堆排序作为通道高度的排序算法,该算法复杂度较高,但对于大数据量的排序,具有快速高效,占有辅助存储空间小的突出优点,满足高光谱通道排序的要求(黎佩南,2012)。表 6.1 列出了堆排序与其他常见排序方法的常见参数比较。表 6.2 为在一台主频为 2.8 GHz、内存为 518 MB 的计算机上使用 C 语言在不同数据量的情况下,各种排序算法时间消耗的比较情况(黎佩南,2012)。

表 6.1　各种排序算法的常见参数比较(黎佩南,2012)

排序算法	时间复杂度		辅助存储空间	算法复杂度
	平均时间	最坏情况		
直接插入排序	$O(n^2)$	$O(n^2)$	$O(1)$	简单
希尔排序	$O(1.25n)$	$O(nlgn)$	$O(n)$	简单
起泡排序	$O(n^2)$	$O(n^2)$	$O(1)$	简单
快速排序	$O(nlgn)$	$O(n^2)$	$O(nlgn)$	复杂
直接选择排序	$O(n^2)$	$O(n^2)$	$O(1)$	简单
堆排序	$O(nlgn)$	$O(nlgn)$	$O(1)$	复杂
并归排序	$O(nlgn)$	$O(nlgn)$	$O(n)$	复杂
基数排序	$O(n)$	$O(n)$	$O(n)$	复杂

表 6.2　各种排序算法的时间消耗(黎佩南,2012)

数据量	时间消耗/ms			
	直接插入排序	希尔排序	起泡排序	堆排序
1000	5	5	15	<1
5000	45	53	157	<1
10000	179	209	644	<1
20000	723	785	2609	<1
50000	5123	5957	16137	16
100000	22387	27896	67297	32
500000	—	—	—	252

从表 6.2 中可以看出,在数据量较大的情况下,堆排序在时间消耗方面优势极为明显,是高光谱通道排序的理想方法。下面就堆排序的具体思想做一介绍。

首先引入堆排序中用到的两个概念:完全二叉树和堆。

一个完全二叉树应该具有下列性质:从最上方的根节点到最下方右侧的子节点,各级节点从左至右的编号是连续的。即令某节点的编号为 i,若该节点为根节点(最上方节点),则有

$i=1$；若该节点 i 的下一级存在左节点，则该左节点的编号为 $2i$；若该节点 i 的下一级存在右节点，则该右节点的编号为 $2i+1$；且 N 个节点的编号都是连续的。

具有 n 个元素的数据序列 $\{k_1, k_2, k_3, \cdots, k_n\}$，当满足式（6.6）所示的关系式时，就称之为堆。

$$\left\{\begin{matrix} k_i \leqslant k_{2i} \\ k_i \leqslant k_{2i+1} \end{matrix}\right\} \quad \text{或} \quad \left\{\begin{matrix} k_i \geqslant k_{2i} \\ k_i \geqslant k_{2i+1} \end{matrix}\right\}, i=1, 2, \cdots, n/2 \tag{6.6}$$

若将堆的定义与完全二叉树相结合，将堆中的元素序列对应完全二叉树的节点序列，则根据上述定义，可以给出了完全二叉树和堆的示意图，如图 6.5 所示。

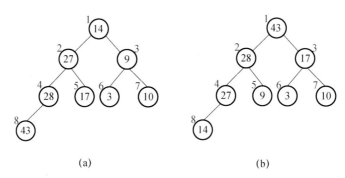

图 6.5　完全二叉树和降序堆

(a)完全二叉树；(b)降序堆(红色数字为节点编号)

从式（6.6）和图 6.5b 可以看出，一个完全二叉树堆中的所有父节点的值都不小于（或不大于）其左右子节点，根节点（即堆顶元素）为全堆的最大值（或最小值），将这样的堆称之为降序堆（或升序堆）。

有了上述知识准备，就可介绍堆排序的具体思想：以降序堆为例，对于一个具有 n 个元素的无序序列，先将其建堆，使其堆顶为最大值。在输出堆顶的最大值后，挤出堆顶，剩余的 $n-1$ 个元素重新建堆，找出 n 个元素中的次大值。如此重复执行，便能得到一个有序序列。因此，整个堆排序的过程也可以看作是重复建堆的过程。但初始无序序列的建堆与后续挤出堆顶的重新建堆之间存在较大差异，需要分别对待。

6.1.2.1　初始无序序列建堆

在最初一个无序序列的情况下，先按 $1 \sim n$ 的顺序排成一个完全二叉树。此时最后一个非终端节点是第 $n/2$ 的节点，从 $n/2$ 至根节点的顺序，每个节点都与它的左右子节点相比较，若子节点的值大于父节点，则两节点的值互换，并将较小值放置在它该处的最下方位置。最终根节点的值即为无序序列中的最大值。图 6.6 为上述过程的示例图，可以看出，该过程是将节点自下至上操作。

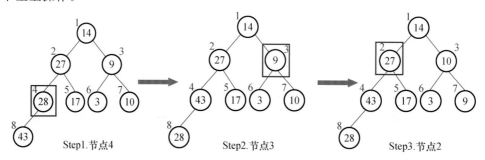

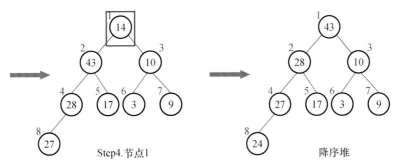

图 6.6　初始无序序列建堆示意

6.1.2.2　挤出堆顶后重新建堆

当挤出堆顶的最大值后,将堆底的元素移到堆顶,其他部分不变。此时除了堆顶之外,其他部分都是有序堆,将堆顶值与其子节点值比较交换,逐渐下移。图 6.7 为上述过程的示例图,可以看出,该过程是将节点自上至下操作。

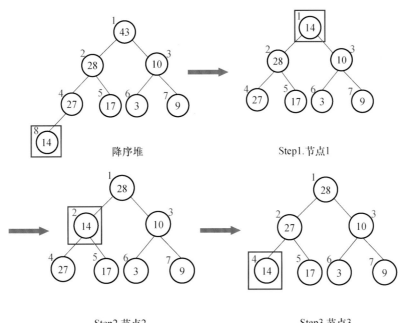

图 6.7　挤出堆顶后重新建堆示意

6.1.3　距平数字滤波

在理想情况下,不存在观测误差、模式背景场误差和辐射传输模式的误差,则辐射率的偏差就可以认为是云污染所导致的。偏差为零的通道即为所要找的晴空通道。但实际上,仪器噪声、预报模式和辐射传输模式的误差都不可避免,它们最终也会表现为辐射率之间的偏差,对云信号造成了干扰。因此,在通道排序之后需要对通道的辐射率偏差进行平滑滤波来降低误差项对云信号的放大作用。本节使用简单的滑动平均滤波方法,即通过设置平滑窗口,求取落在窗口中辐射率偏差的平均值,作为这个窗口中心趋势值。随后向下移动平滑窗口,一次求出每次平滑窗口中心的趋势值。这样,计算得到的每个通道趋势值就是平滑后的辐射率偏差,如式(6.7)所示。

$$y(k)=c_1 y\left(k-\frac{l}{2}\right)+c_2 y\left(k-\frac{l}{2}+1\right)+\cdots+c_{\frac{l}{2}} y(k)+\cdots+c_{l-1} y\left(k+\frac{l}{2}-1\right)+c_l y\left(k+\frac{l}{2}\right)$$

$$(6.7)$$

式中:k 为平滑窗口的中心点;l 为平滑带宽。

6.1.4 晴空通道搜索算法

在完成波段划分、偏差平滑滤波和通道排序之后,调用晴空通道搜索算法来寻找云信号第一次变得显著的地方。在算法中,需要首先计算确定三种潜在起始通道。随后,算法会使用"快速退出"算法判断该瞬时视场是否为晴空视场,若为晴空视场,则标记该视场中的全部通道为晴空通道;若不为晴空视场,则根据下垫面和大气性质的不同,判断该瞬时视场属于低暖起始、高冷起始、高暖起始和低冷起始四种情况中的哪一种,并确定在该情况下搜索算法的起始通道。最后,从起始通道开始,逐步向上搜索云信号消失的通道。以该通道为分界点,之前的通道标记为有云通道,之后的通道(包括该通道)标记为晴空通道。

首先定义三种潜在起始通道,通过它们可以判断当前瞬时视场处于何种状态。

① 位于行星边界层和对流层之间红外辐射亮温偏差最小值所对应的通道。

② 对流层以下红外辐射亮温偏差最小值所对应的通道。

③ 通道权重函数峰值高度最接近地面的通道。

6.1.4.1 快速退出

当以下三个条件均满足时,程序判定当前的瞬时视场为晴空视场,图 6.8 给出了判定快速退出的示意图:

① 上述三种潜在起始通道经过平滑滤波后的亮温偏差均小于偏差阈值(目前为 0.5 K)。

② 对流层以下通道平滑滤波后的亮温最大偏差小于偏差阈值。

③ 在大气长波波段平滑滤波后的亮温偏差梯度绝对值小于梯度阈值(目前为 0.4 K)。

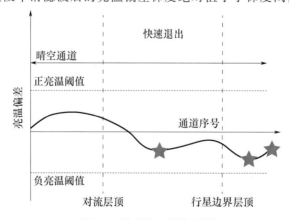

图 6.8　快速退出判定示意

(绿色点为潜在起始通道,点线为亮温偏差阈值,虚线为行星边界层顶和对流层顶的位置,蓝线为晴空通道区域)

6.1.4.2　低暖起始

低暖起始算法针对冷地表上空覆盖暖云的情况。判别低暖起始的标准如下,图 6.9 给出了判定低暖起始的示意图。

① 三种潜在起始通道中海拔高度最高的平滑亮温偏差绝对值小于负亮温偏差阈值。

② 三种潜在起始通道中海拔高度最低的平滑亮温偏差大于正亮温偏差阈值。

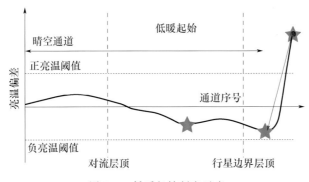

图 6.9　低暖起始判定示意

(图中各符号意义同图 6.8,红点表示起始通道位置)

在这种情况下,最接近地表的潜在起始通道被选为起始通道,从起始通道开始,逐步向上搜索暖云特征消失的通道。

6.1.4.3　高冷起始

大多数情况下,瞬时视场中地表和云的特征属于高冷起始,即暖地表上空覆盖冷云。判别高冷起始的标准为:三种潜在起始通道中海拔高度最高的通道的平滑亮温偏差小于负亮温偏差阈值,如图 6.10 所示。

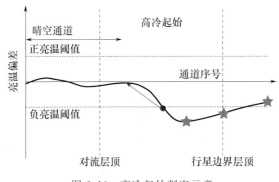

图 6.10　高冷起始判定示意

在这种情况下,云影响的高度往往高于三种起始通道高度的最大值,选取平滑亮温偏差最接近负的亮温偏差阈值的通道作为起始通道。

6.1.4.4　高暖起始

高暖起始的情况较为罕见,它是指三种潜在起始通道中高度最高的通道的平滑亮温偏差大于亮温偏差阈值。这意味着,在行星边界层和对流层之间,不存在平滑亮温偏差比亮温偏差阈值小的通道,如图 6.11 所示。所有在对流层之下的通道均标记为受云影响,一些在平流层高度上的通道可能会标记为晴空通道。此时起始通道选择为潜在起始通道中高度最高的通道。

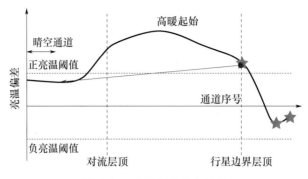

图 6.11　高暖起始判定示意

6.1.4.5　低冷起始

当上述四种情况都不符合时,可视为低冷起始。图 6.12 显示了低冷起始的三种不同情况,这三种情况的晴空通道标记大致相同。图中用粗实线标记的情形与高冷起始类似,不同之处在于行星边界层之上不存在平滑亮温偏差比负亮温偏差阈值小的通道;用虚线标记的情况符合"快速退出"算法的第一、三项,但其在对流层之下有通道的亮温偏差超过了偏差阈值,故同样不能使用"快速退出"算法,对于细实线标记的情形,若用细实线标记的情况符合"快速退出"算法前两项条件,但由于大气长波窗口中亮温偏差梯度的绝对值较为陡峭,不能使用"快速退出"算法。但在实际检测时,往往由于亮温偏差梯度阈值给定不准确,或者计算亮温偏差梯度所需的通道数取值较大而导致程序认为该视场符合"快速退出"条件,进而的判断该视场内所有通道为晴空通道,造成较为严重的误判。

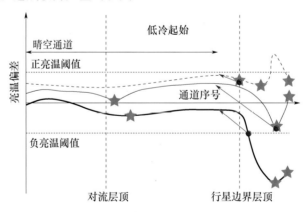

图 6.12　低冷起始判定示意

为了解决上面出现的问题,本节针对低冷起始情况中细实线所代表的情形,计算亮温偏差梯度的通道数量和起始通道的选取两方面入手,设计完善了云信号的检测算法。图 6.13 是完善后的低冷起始搜索算法。其具体思想是:当在低冷起始情形下,若程序检测当前的瞬时视场符合快速退出条件时,并不立即退出云检测,而是利用新的亮温偏差梯度计算公式进行判断。若计算得到的梯度依然小于梯度阈值,则退出云检测;若大于梯度阈值,则将搜索潜在起始通道设定为通道权重函数峰值高度最接近地面的通道,重新进行云检测。具体增加的变量和判断条件如下。

① 增加了新的逻辑变量 llcold、ll__startchannelchanged

② 增加新的亮温偏差梯度计算公式：

$$grad=(z\_dbt\_smoothed(jch-1)-z\_dbt\_smoothed(jch+1)) \tag{6.8}$$

1	若两种潜在起始通道不同(i__start_channel_surf/= i__start_channel) ，则
2	ll__startchannelchanged = .false. !初始化起始通道更改逻辑变量
3	if llcold=.true.
4	if 使用设置的通道带宽计算的偏差梯度小于阈值
5	if 所有通道亮温偏差绝对值小于阈值 ! 满足快速退出条件，但不退出
6	if abs(z__dbt_smoothed(jch-1)-z__dbt_smoothed(jch+1))大于梯度阈值
7	i__start_channel = i__start_channel_surf !更改起始通道
8	ll__startchannelchanged = .true.
9	endif
10	endif
11	endif
12	endif
13	若起始通道改变，则更改起始通道后，重新分情况进行云检测
14	若符合地暖条件，则
15	llcold = .false.
16	若符合高冷条件，则
17	llcold = .true.
18	若符合高暖条件，则
19	llcold = .false.
20	else
21	llcold = .true.

图 6.13　完善后的低冷起始搜索算法

图 6.14 显示了台风"海燕"区域中在低冷搜索算法完善前后进入同化系统的各通道 FOV 数。可以看出,低冷搜索完善后,各通道进入同化系统的 FOV 数均有所下降,说明原有低冷下的搜索算法确实会在有些情况下将有云视场检测为晴空视场,造成误判。

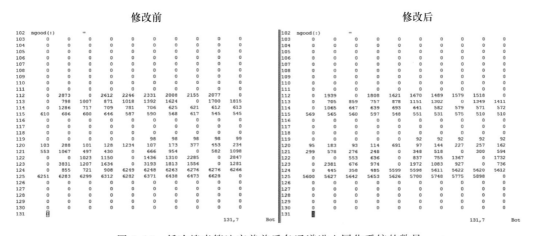

图 6.14　低冷搜索算法完善前后各通道进入同化系统的数量

综上所述,晴空通道搜索算法作为晴空通道云检测方案的关键组成部分,包括了计算潜在起始通道、判断快速退出、判断视场大气地表情况、指定起始通道、循环搜索晴空通道五个步骤,其流程如图 6.15 所示。

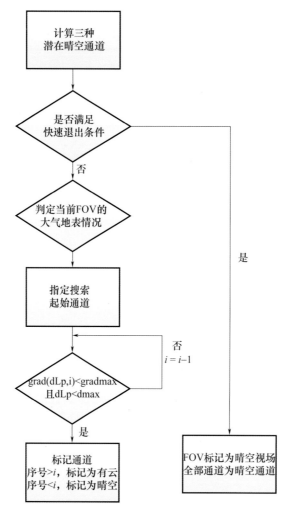

图 6.15　晴空通道搜索算法流程

6.1.5　晴空通道云检测算法结构框架

通过以上对云检测算法每一步骤的详细描述,可以认为该检测算法由一个排序算法、一个平滑滤波器和一个搜索算法组成。图 6.16 给出了晴空通道云检测算法的流程。

在晴空通道云检测算法的程序实现上,同样分为通道排序、偏差平滑以及晴空通道搜索等模块,下面列出了组成晴空通道云检测算法的程序模块:

① infrared_high_spectrum_cloud_detect_wrapper():调用初始化和云检测模块。

② infrared_high_spectrum_cloud_detect_setup():初始化设置。

③ infrared_high_spectrum_cloud_detect():读取晴空通道云检测中用到的参数,进行波段划分,调用其他模块进行云检测。

④ infrared_high_spectrum_heapsort():通道堆排序。

⑤ infrared_high_spectrum_cf_digital():调用滤波模块,并循环搜索晴空通道。

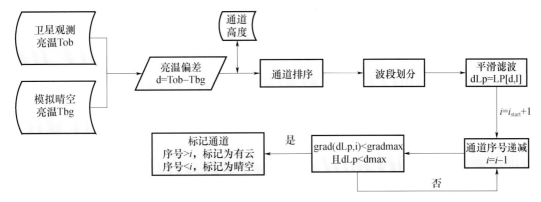

图 6.16 晴空通道云检测算法流程

⑥ infrared_high_spectrum_movinga()：对观测偏差数字平滑滤波。

在整个云检测算法程序中，需要读入和设置多个参数，这些参数直接影响和决定了云检测算法的性能，表 6.3 列举了程序中需要设置的重要参数。

表 6.3 晴空通道云检测程序中的重要参数

参数名	数据类型	描述
M_Sensor	integer	传感器代码（AIRS＝11）
N_Num_Bands	integer	光谱划分数目
N_Num_Size(N_Num_Bands)	integer	每段光谱包含的通道数
N_Bands(maxval(N_Num_Size(:)),N_Num_Bands)	integer	每段光谱包含的具体通道
N_Window_Width(N_Num_Bands)	integer	滤波算法中的滤波带宽
N_GradchkInterval(N_Num_Bands)	integer	计算亮温偏差梯度时所需的通道数
R_BT_Threshold(N_Num_Bands)	real	云检测时亮温偏差阈值
R_Grad_Threshold(N_Num_Bands)	real	云检测时亮温偏差梯度阈值
L_Do_Quick_Exit	logical	是否允许快速退出

有了上述参数的设置，云检测算法就可以依次进行通道划分，数字滤波，通道检测等步骤。图 6.17 给出了晴空通道云检测程序的调用关系。

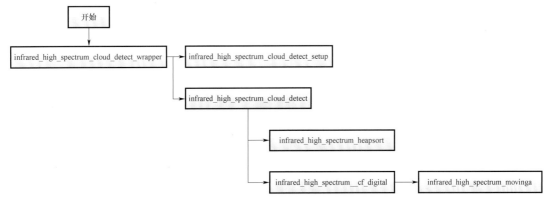

图 6.17 晴空通道云检测程序的调用关系

综上所述,可以将红外高光谱云检测算法的步骤总结如下:

第一步:对于当前的瞬时视场,通过辐射传输模式得到其每个通道的晴空模拟亮温,并与其实际的观测亮温做比较,得到每个通道的亮温偏差。

第二步:对整个红外高光谱波段进行划分,指定每一通道的"通道高度",在每个子波段上进行通道排序。

第三步:在通道排序的基础上对每个子波段上的亮温偏差进行平滑滤波,以降低仪器噪声、模式误差带来的影响。

第四步:从指定的起始通道开始,逐一向上寻找:若某一通道满足的亮温偏差小于给定的偏差阈值以及亮温偏差梯度的绝对值小于给定的偏差梯度阈值两个条件时,则该通道被指定为晴空通道,而亮温偏差及偏差梯度绝对值高于阈值的通道则被认为受云影响的通道。

6.1.6　晴空通道云检测方案与 WRFDA 系统的对接

云检测属于 WRFDA 系统中红外辐射率资料质量控制的重要步骤,因此,要实现晴空通道云检测方案与 WRFDA 系统的对接,需要在 WRFDA 红外高光谱资料控制模块中加入新的云检测方案接口。

WRFDA 同化系统中,da_qc_rad.inc 作为专门进行辐射率观测资料质量控制的模块,根据不同探测仪器的观测资料,分别调用与之相对应的子程序进行质量控制。表 6.4 为这些子程序的列表。

表 6.4　da_qc_rad.inc 中调用的 qc 子程序

子程序名称	针对探测仪器	子程序名称	针对探测仪器
da_qc_hirs	HIRS	da_qc_hsb	HSB
da_qc_airs	AIRS	da_qc_amsua	AMSUA
da_qc_msu	MSU	da_qc_amsub	AMSUB
da_qc_ssmis	SSM/I	da_qc_mhs	MHS

可以看到,子程序 da_qc_airs.inc 用来对红外高光谱 AIRS 资料进行质量控制,应在 da_qc_airs.inc 中设计加入晴空通道云检测方案的程序接口。云检测是在通道亮温偏差的基础上进行的,需要从 WRFDA 的辐射传输模式中接收必要的通道信息,因此,云检测方案与 WRFDA 的接口应该传递以下三个方面的信息,表 6.5 为实现上述三方面接口功能的代码片段。

① AIRS 资料的基本信息,如:传感器 ID,通道数量 nchannels,FOV 序号 n。

② 背景场基本信息,如:地面对应的模式层(kte_surf),对流层顶对应的模式层(kts_100 hPa),地面至对流层顶的模式层数(ndim)。

③ AIRS 通道全云模拟辐射率 R_{cloudy} 和晴空模拟辐射率 R_{clear}。

表 6.5　晴空通道云检测接口数据传递代码片段

序号	描述	代码片段
1	传递 AIRS 基本信息	i=iv%num_inst(airs) nchannel=iv%instid(i)%nchan don=iv%instid(i)%info%n1,iv%instid(i)%info%n2

序号	描述	代码片段
2	传递背景场基本信息	kte_surf ＝iv％instid(i)％nlevels kts_100hPa＝MAXLOC(coefs(i)％coef％ref_prfl_p(1:kte_surf),&&MASK＝coefs(i)％coef％ ref_prfl_p(1:kte_surf)<100.0) ndim＝kte_surf－kts_100hPa(1)＋1
3	传递 R_{cloudy},R_{clear}	iv％instid(i)％rad_obs(k,n)＝coefs(i)％coef％planck1(k)／&&(EXP(coefs(i)％coef％planck2 (k)／tstore)－1.0) iv％instid(inst)％rad_ovc(i,kts:kte,n)＝RTSolution(i,1)％Overcast(:) rad_obs＝iv％instid(isensor)％rad_obs(1:nchannels,n) rad_ovc＝iv％instid(isensor)％rad_ovc(1:nchannels,1:nlevs,n)

通过将 WRFDA 系统中上述三方面的信息传递给云检测程序,并在云检测程序内部指定关键参数值,即可实现晴空通道云检测与 WRFDA 系统的对接。

6.1.7　AIRS 资料 NESDIS-Goldberg 云检测方案

在 WRFDA 系统质量控制程序模块中,包含了 NESDIS-Goldberg 云检测方案。从原理上来讲,NESDIS-Goldberg 云检测方案是一种针对 AIRS 资料基于晴空视场的云检测方案,该云检测方案仅有三个检测步骤,其分别为:

① AIRS chan2112 通道(2390.089 cm^{-1})的实际观测亮温与其模拟亮温的偏差大于 2 K:

$$T_{2112\_sim}－T_{2112\_obs}>2 \text{ K} \tag{6.9}$$

② AIRS chan 2226 通道(2531.97803 cm^{-1})和 chan 843 通道(937.908 cm^{-1})的实际观测亮温差值大于 5 K:

$$T_{2226\_obs}－T_{843\_obs}>5 \text{ K} \tag{6.10}$$

③ 利用反演的海表温度与背景场海表温度的差值做比较:

$$\begin{cases} SST_{bg}－SST_{sim}>3.3 \text{ K} \\ SST_{bg}－SST_{sim}<-0.6 \text{ K} \end{cases} \tag{6.11}$$

若当前观测视场中的通道观测满足三个步骤中定义的标准,则判断该视场受云污染,并将该视场剔除。在同化试验中选取 NESDIS-Goldberg 云检测方案与晴空通道云检测方案对同一时间、同一区域的 AIRS 观测资料进行同化,进而检验晴空通道云检测方案的性能。

6.1.8　AIRS 晴空通道云检测同化试验设计和效果分析

6.1.8.1　天气过程介绍

2013 年第 30 号超强台风"海燕"于 11 月 4 日在关岛东南方西北太平洋洋面生成,之后一直向偏西方向移动,强度不断加强。11 月 8 日 04 时 40 分在菲律宾中部萨马省登陆。登陆时台风最低海平面气压为 890 hPa,中心最大风速为 75 m/s,这同时也是整个台风过程中的最大强度。因此,"海燕"以巅峰状态登陆菲律宾。这场台风级别被定为 15 级,被视为菲律宾有史以来遭遇的最强台风,也是全球有记录以来的最强登陆台风。进入南海后,台风向西北方向移动,于11月10日上午在越南岘港、广义地区登陆,随后朝东北方向转向,于11月11日进入我国广西壮族自治区南宁市境内,并减弱为热带低压,以后强度继续减弱。

这场台风对菲律宾中部造成了毁灭性破坏,据官方统计的数字,有5500人死亡,3万人受伤,1757人失踪,受灾人口达到428万。在中国,台风造成2人死亡,11人失踪,经济损失达9.6亿元。图6.18为国家卫星气象中心提供的台风"海燕"分别登陆菲律宾、越南、中国时的卫星云图。

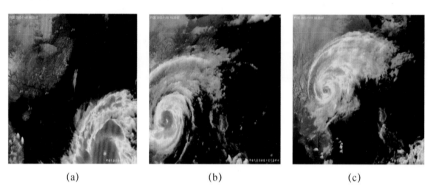

(a)   (b)   (c)

图6.18 "海燕"登陆时的卫星云图
(a)菲律宾;(b)越南;(c)中国

6.1.8.2 试验设计

本节使用 NCEP 网站提供的 FNL 全球再分析资料作为初始场和边界条件,经过2013年11月7日18时—11月8日06时(UTC,下文时间均为世界时)共12 h的预报调整,得到了11月8日06时的预报场。将此预报场作为同化系统的背景场。试验比较了 NESDIS-Goldberg 云检测方案和晴空通道云检测方案的同化预报效果,故设置了三组实验,如表6.6所示。试验的具体流程如图6.19所示。

表6.6 同化试验设计

试验	同化系统	同化窗口	辐射传输模式	云检测方案	同化资料
1	无	—	—	—	—
2	WRF-3DVar	3 h	RTTOV	NESDIS-Goldberg	AIRS
3	WRF-3DVar	3 h	RTTOV	晴空通道	AIRS

在最初的12 h调整和最后的48 h预报中,模式网格为一重网格,模式中心经纬度为(125°E,22°N)。嵌套区域的水平网格格点数为:325×315,水平格距为:15 km,垂直30层,模式积分的时间步长为60 s。图6.20为整个预报区域的范围及 AIRS 视场分布。模式物理参数化方案的选择对预报效果有很大的影响,并且参数化方案的选择应与模式网格的分辨率相适应。因此,本节结合试验中模式的分辨率,选择了如下的参数化方案:云微物理方案为WSM6类冰雹方案、积云对流参数化方案为 KF 方案、长波辐射方案为 RRTM 方案、短波辐射方案为 Goddard 方案、边界层方案为 MYJ 方案。

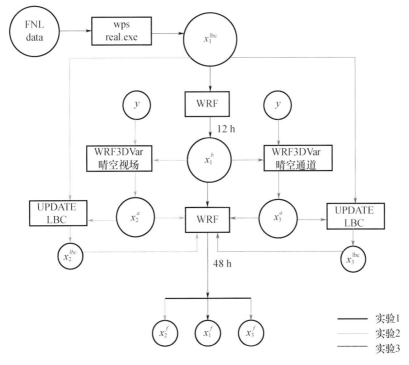

图 6.19 同化试验流程

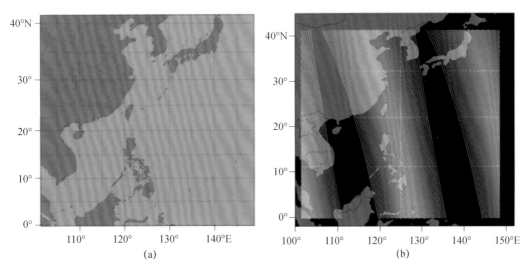

图 6.20 "海燕"台风预报区域及 AIRS 视场分布

（a）"海燕"台风预报区域；（b）AIRS 视场分布

6.1.9 AIRS 晴空通道云检测同化试验效果分析

6.1.9.1 晴空通道云检测效果统计检验

首先检验接入同化系统的晴空通道云检测效果，图 6.21 显示了不同权重函数极大值高度对应通道的云检测效果,并与对应的 MODIS 云产品作对比。其中图 6.21a 为 AIRS 第 22 号通道的云检测结果及其权重函数,可以看到,该通道权重函数极大值高度在 63 hPa,为高空通道;图 6.21b 为 AIRS 第 1868 号通道的云检测结果及其权重函数,该通道权重函数极大值高度在 999 hPa,为近地面低空通道;图 6.21c 为与同化区域和时刻相对应的 MODIS 35 云掩膜产品,它显示了 MODIS 视场中是否有云;图 6.21d 为 MODIS 06 云顶气压产品,它显示了 MODIS 视场中的云顶气压。

① 比较图 4.21a 和 b,通道 22 中有云的瞬时视场明显少于通道 1868,且有云视场主要是台风云系。这说明,瞬时视场中高空通道比低空通道更有机会进入同化系统。

② 比较图 4.21b 和 c,通道 1868 中不受云影响的瞬时视场分布与 MODIS 35 产品中的晴空区域(蓝色和红色)分布比较吻合。这说明基于晴空通道的云检测算法具有较高的可靠性;

③ 比较图 4.21a、b 和 d,低云(云顶气压较高)对高空通道影响不大,高云(云顶气压较低)对高空通道影响比较明显;而低空通道不论对低云还是高云都很敏感。

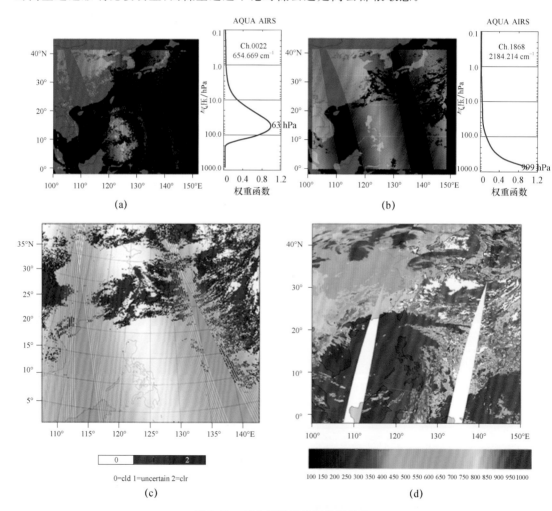

图 6.21　晴空通道云检测效果检验

(a)AIRS channel 22 云检测结果及其权重函数;(b)AIRS channel 1868 云检测结果及其权重函数;

(c)MODIS 06 云掩膜产品;(d)MODIS 35 云顶高度产品

图 6.22 是经过晴空通道云检测系统后 AIRS 各通道进入同化系统的数量统计。可以看到,高层通道(chan207,chan1766)进入同化系统的数目远大于低层通道(chan362,chan1868)。这说明晴空通道云检测方案对晴空通道进行了有效的识别。

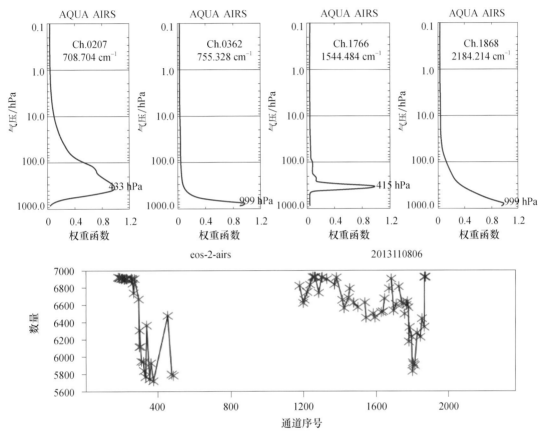

图 6.22　各通道进入同化系统数量统计

6.1.9.2　同化极小化迭代对比

试验中设计同化系统在最小化迭代时外循环的次数为 1,内循环次数为 50。在相同的迭代步下,比较两种云检测算法对应的目标泛函 $J(x)$ 及其梯度 $\nabla J(x)$ 下降情况,结果如图 6.23 所示。

从图 6.23 可以看出,两个目标泛函进行有效的极小化迭代计算。注意到晴空通道云检测方法的目标泛函值远小于 NESDIS-Goldberg 方法。在背景场、背景误差协方差 $\boldsymbol{B}$、输入观测资料相同的情况下,可以得出,目标泛函中 J_o 较低,即晴空通道方法中进入同化系统的观测较少。这意味着晴空通道方法对云的检测比 NESDIS-Goldberg 方法更加严格。试验统计表明,同化系统读入的 AIRS 瞬时视场数为 43084 个。在质量控制方案相同的情况下,以低空通道 channel 1329(972hPa)为例,在晴空通道云检测方案下最终进入同化系统的瞬时视场为 92 个,而 NESDIS-Goldberg 云检测方案为 5271 个。

另外,NESDIS-Goldberg 方法的目标泛函梯度 $\nabla J(x)$ 在迭代过程中出现一系列振荡。其原因是误差统计文件的不协调影响了其目标泛函的性态,使目标泛函并不是一个抛物面。反

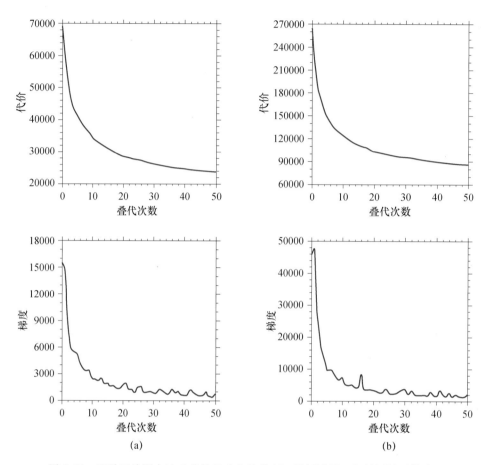

图 6.23 两种云检测方法对应的极小化迭代(上:目标泛函;下:目标泛函梯度)

(a)晴空通道云检测方法;(b)NESDIS—Goldberg 云检测方法

映在极小化迭代中的"最速下降"算法中,就是搜索方向出现了较大的"锯齿效应",造成了梯度值的振荡,并减缓目标泛函的收敛速度(张卫民,2005)。

6.1.9.3 同化分析要素场比较

本节分别考察了两种云检测方案对应分析场对流层低层、中层和高层的温度 T、相对湿度 RH 和风场的分布情况。由于台风"海燕"位于南中国海的热带地区,其对流层顶高度可达 100 hPa 左右,故取 850 hPa、500 hPa 和 300 hPa 三个等压面作为研究对象。图 6.24 即为 850 hPa 上各物理量的分布场,图 6.24a 对应为晴空通道方法,图 6.24b 对应为 NESDIS-Goldberg 方法。

可以看出:

① NESDIS-Goldberg 方法对应的温度场高温区面积较大,30°N 附近温度梯度较大,对应的台风眼区更加明显,范围较大,暖心结构较为突出。

② NESDIS-Goldberg 方法对应的湿度场台风中心北侧有一个明显的、面积很大的湿度高值区,它会给台风低层带来大量的水汽输送。

③ NESDIS-Goldberg 方法对应的风场面积较大。

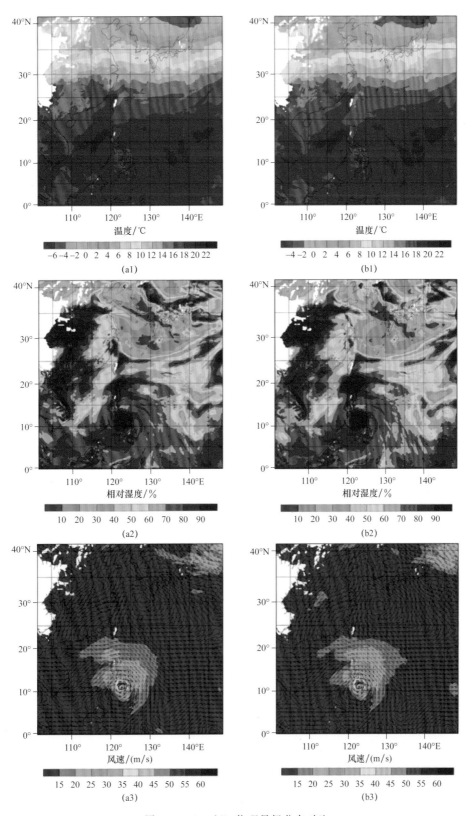

图 6.24 850 hPa 物理量场分布对比

(a)晴空通道方法;(b)NESDIS—Goldberg 方法

　　综上所述，在 850 hPa 上，NESDIS-Goldberg 方法对应的物理量场强度普遍大于晴空通道方法，且高值区范围较大。高温和大量的水汽输送给台风的维持和发展提供了能量；500 hPa 上（图略）两种方法的物理量场区别并不大；而在 300 hPa 上（图 6.25），情况发生了反转，晴空通道方法物理量高值区范围较大。这说明晴空通道中包含的对流层中上层信息对初始场的改进作用产生了积极的影响。

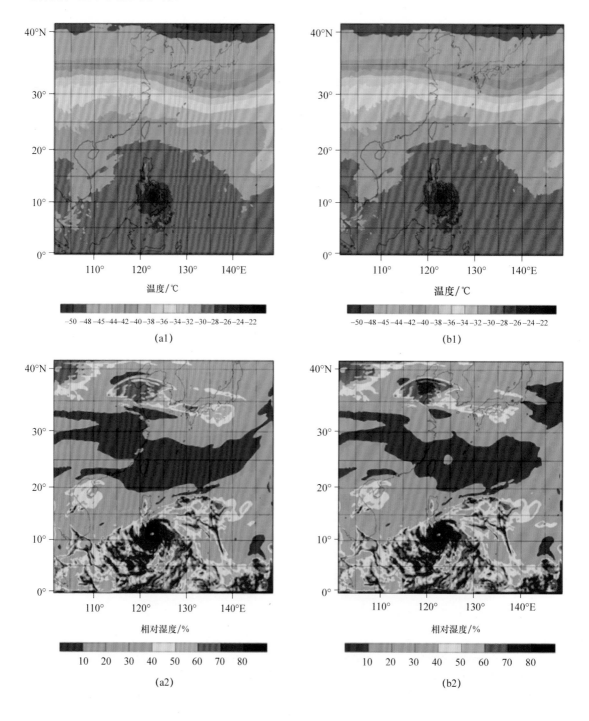

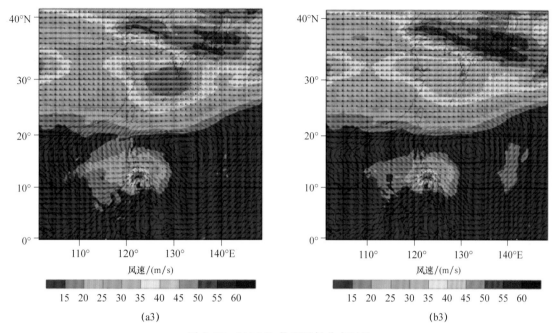

图 6.25　300 hPa 物理量场分布对比

(a)晴空通道方法；(b)NESDIS-Goldberg 方法

6.1.9.4　均方根误差比较

物理量场均方根误差(RMSE)衡量了分析场相对于"真实场"的偏离程度。由于"真实场"实际上是无法得到的,本节选用分析时刻(2013 年 11 月 8 日 06 时)的 FNL 再分析数据作为"真实场"。RMSE 的计算公式如下：

$$\text{RMSE} = \left[\frac{1}{N}\sum_{i=1}^{N}(x_i^t - x_i^a)^2\right]^{\frac{1}{2}} \quad (x = T, q, u, v) \tag{6.12}$$

式中：N 为每一层的格点数。

图 6.26 为两分析场中各物理量场相对于"真实场"的均方根误差。可以看出,在绝大多数等压面上晴空通道方法的 RMSE 小于 NESDIS-Goldberg 方法,这说明晴空通道方法的分析场更接近于"真实场"。两种云检测方法对分析场的影响主要是在对流层 500 hPa 以下的区域,而对温度场的影响可达到 250 hPa。大体上看,晴空通道方法对应的温湿场在对流层底部(1000~850 hPa)改进明显;而对风场的改进作用主要体现在对流层中层(800~500 hPa)。

6.1.9.5　雷达回波强度预报效果对比分析

分别使用两种云检测方法对应的初始场进行 48 h 预报,最终得到了 2013 年 11 月 10 日 06 时的预报场。雷达回波强度(dBz)表征了强对流性天气如暴雨、冰雹等出现的可能性,其强度越大、范围越广,则强对流性天气的强度和范围就越大。图 6.27 给出了两个预报场 dBz 的分布情况。比较图 6.27a、b,NESDIS-Goldberg 方法对应台风区域的 dBz 分布强于晴空通道方法,这说明其预报台风的强度较大,对流运动较强。这与上节中对初始场的分析相呼应。

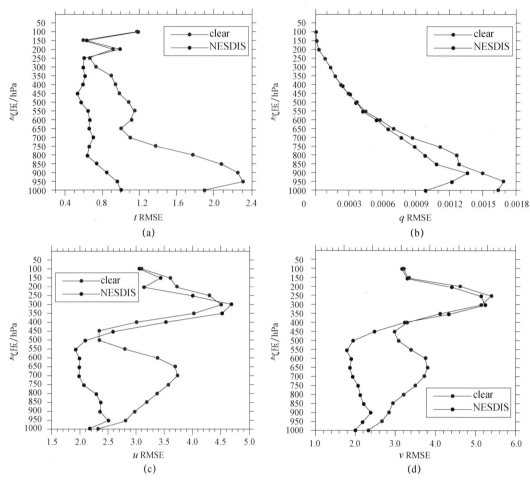

图 6.26 两方案各物理量场的 RMSE

(a) T ;(b) q ;(c) u ;(d) v

(红色为晴空通道方法,蓝色为 NESDIS-Goldberg 方法)

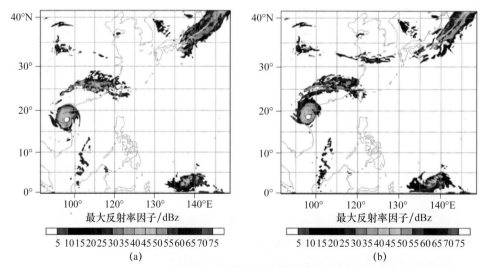

图 6.27 雷达回波强度分布

(a)晴空通道方法;(b) NESDIS-Goldberg 方法

6.1.9.6 台风路径预报对比

台风路径是预报台风的重要内容,也是检验台风预报准确性的重要依据。图 6.28 给出了三组实验的预报路径以及真实观测路径,其中蓝线为控制实验;绿线为 NESDIS-Goldberg 方法对应的路径;黄线为晴空通道方法对应的路径;红线为真实观测。

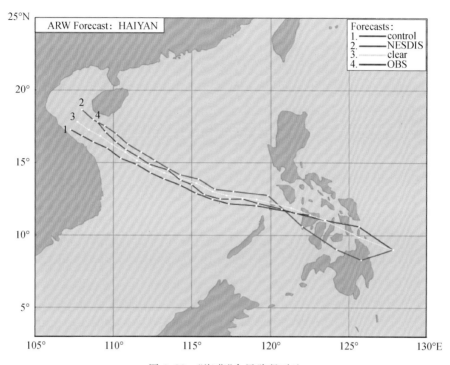

图 6.28 "海燕"台风路径对比

从图中很直观地看出:

① 三组试验得到的台风移速与真实观测大致相同。

② 晴空通道方法对应的台风路径最接近真实观测。

③ 在预报初期,三组试验的预报路径相差较大,NESDIS-Goldberg 方法对应的路径比控制实验路径差,之后差距逐渐减小。

出现上述现象的原因在于:NESDIS-Goldberg 云检测方法使得进入同化系统的观测数量较多,对背景场的改变程度较大。另外,该算法较为宽松,许多观测视场仍有云的影响。这将会对同化系统造成冲击,降低分析场质量。随着模式的预报调整,NESDIS-Goldberg 方法对应的路径也在不断改善。

6.1.10 AIRS 晴空通道云检测试验结论

检验基于晴空通道云检测方案对台风"海燕"云系的检测效果,并分别使用 WRF 模式对两种云检测方案同化得到的分析场进行 48 h 预报,得出以下结论。

① 晴空通道云检测方案的中高层通道同化数量明显多于低层通道。试验统计表明:低层通道(如第 1301 通道,972 hPa)进入同化系统的瞬时视场数为 92 个,而中高层通道(如第 1918

通道,433 hPa)为 5748 个。

② 晴空通道的云检测方案的检测云能力强于 NESDIS-Goldberg 方案。试验统计表明:以低空通道 channel 1329(972 hPa)为例,在晴空通道云检测方案下最终进入同化系统的瞬时视场为 92 个,而 NESDIS-Goldberg 云检测方案为 5271 个。

③ 通过晴空通道的云检测方案而得到的分析场更接近"真实场"(NCEP FNL1°×1°资料),气象要素 T、RH、u、v 在对流层绝大多数气压高度上的均方根误差都小于 NESDIS-Goldberg 方案得到的分析场。

④ 晴空通道的云检测方案把更多大气对流层云顶之上的辐射信息带进了同化系统,显著改善了对流层低层温度、湿度以及中高层风场的精确度。其对台风暖心结构表现得更加明显,得到的台风强度弱于 NESDIS-Goldberg 的分析场,说明晴空通道包含的信息调整了台风的对流发展。

⑤ 对两种分析场进行预报后,晴空通道云检测所对应的台风路径与实际观测更加接近。

6.1.11　IASI 资料多阈值晴空通道云检测方案

本小节以红外高光谱 IASI 观测资料为研究对象,研究了 2003 年 McNally 等针对每一个视场内的通道做精细化云检测的方法(简写 MW 方法),调整云检测阈值,并将 MW 方法与多元最小残余(Multivariate minimum residual,MMR)(Auligné,2014a;2014b)云检测方法进行了对比研究。

MW 方法检测某个通道是否受云的影响,而不像传统方法那样检测某个观测视场是否有云。其基本思想是首先将观测辐射率与晴空背景场模拟辐射率的偏差按通道对云的敏感程度(即通道高度)从大气高层往地表的方向进行排序。对于波数为(ν)的通道高度即云敏感峰值的气压层 c_k,则是从地表方向开始向大气顶的方向计算出不透明黑体云相对总晴空辐射率的比值大于 0.01 时的气压层,如下式:

$$\frac{|R_\nu^0 - R_\nu^{cld}|}{R_\nu^0} > 0.01 \tag{6.13}$$

假设在第 c_k 层存在不透明黑体云,其辐射率为 $R_\nu^{c\_k}$,而 R_ν^0 为辐射传输模式模拟假设晴空条件下整个大气发射出 IASI 通道 ν 的辐射率。得到每一个通道的云敏感高度以后,为了让通道高度大致呈现出单调递减的趋势,将所有通道按长波 CO_2 波段、O_3 波段、水汽波段、4.5 μm CO_2 波段和 4.2 μm CO_2 波段五个波段进行云敏感高度排序。采用数字滤波方法对每一个 IASI 通道总晴空辐射率与背景场模拟辐射率偏差进行滤波,以避免大气背景场状态估计误差混淆云信号。进而采用如下判定机制(a-c)对云检测过程指定的 343 个通道检索出云影响第一次变得显著(即云特征阈值)的不受云影响的最低通道 i,标识出排序在此阈值之上的 IASI 通道为晴空通道予以保留,排序在此阈值之下的通道为有云通道予以舍弃。对于权重函数峰值高于模式层顶的通道同样舍弃。

① $|$偏差$(i)| <$ 阈值;

② $|$偏差$(i-1)-$偏差$(i+1)| <$ 梯度阈值;

③ $|$偏差$(i-j)-$偏差$(i+j)| <$ 梯度阈值。

其中,i 为通道高度排序以后通道的编号;j 为计算梯度时,两个通道之间相隔的通道编号数。

晴空通道云检测方案有多个可以调节参数,且其默认的初值十分严格。过于严格的初值可能引起云检测过程被剔除的资料量过多,可用于同化的资料量太少。本书对于这些参数的有效性做了初步的调整和后续实验调查,尝试放大亮温阈值和亮温梯度阈值,即较大阈值的晴空通道云检测方法(以下简称 LMW 云检测方法)(余意 等,2017)。表 6.7 列出了 MW 和 LMW 晴空通道云检测方法的亮温阈值和亮温梯度阈值。

表 6.7　晴空云检测方案阈值设置

云检测参数	默认值(MW)	较大值(LMW)
亮温阈值/K	0.5	4
亮温梯度阈值/K	0.02	0.06

6.1.12　IASI 晴空通道云检测实现

将 WRFDA3.7 和 Clouddetection1.3 对接:在 da_qc_iasi.inc 中接入云检测的过程 da_cloud_detect_iasi.inc,通过该步骤调用 Clouddetection 软件包。

IASI 晴空通道云检测过程特点与实现步骤。

① 对于 IASI,WRFDA 依据 metop-2-iasi.info 读入 616 个 IASI 通道,云检测时仅对 343 个通道进行检测;解决方案:在 WRFDA 中设置仅使用该 343 个通道。

② IASI 晴空通道云检测过程中,通道读入不是按通道号由小到大的过程读入,而是 1、2、3 波段的通道编号交错;解决方案:将 3 个波段通道由小到大顺序编号。

③ 将云检测参数设置成不同的阈值,形成 MW 和 LMW 晴空通道云检测方法。

如果设置成像仪 AVHRR 的初步晴空视场判定参数,将判定结果输出给 IASI 晴空通道云检测,晴空值直接退出云检测,使用所有通道同化,有云则进行晴空通道云检测判定,使用晴空通道。这样可以形成基于成像仪视场快速判定的 IASI 晴空通道云检测方法。

6.1.13　IASI 晴空通道云检测效果

结合 IASI 通道权重函数分析云检测的有效性。MW 和 LMW 云检测准确地计算出了 IASI 通道对云敏感高度。选择 299、327、354、921 这四个通道分别代表高、底、中层和地表通道,进行对比。图 6.29 是这三个通道的权重函数示意图,从图中可以看出通道 299、327、354、921 的权重函数峰值分别位于 138 hPa、814 hPa、433 hPa、1085 hPa 气压层。表 6.8 显示了这四个通道云检测后的通道高度,通道 299 序号靠前,其权重函数峰值位于大气较高层,相应的通道高度值(气压)较小即高度比较高。通道 921 通道序号靠后,其权重函数峰值接近地表,其相应的通道高度值较大即高度较低。而通道 327 相对于通道 354 虽然通道序号靠前,但是其权重函数峰值高度位于大气较低层,其通道高度也较低。整体上计算结果符合这个规律:权重函数峰值高的通道相应的通道高度较高,反之,权重函数峰值低的通道相应的通道高度较低。这充分证明了 MW 和 LMW 云检测方法的合理性。

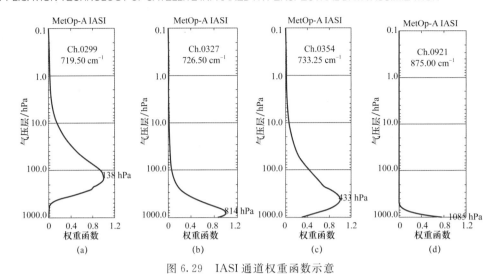

图 6.29　IASI 通道权重函数示意

表 6.8　通道 299、327、354、921 的通道高度

通道号	峰值高度/hPa	通道高度
299	138	71.7756
327	814	75.0492
354	433	74.5865
921	1085	100.9900

　　将 MW 云检测方法和大阈值形成 LMW 云检测方法与多元最小残余 MMR 云检测方法对比调查 IASI 云检测效果。针对三种云检测方案,图 6.30 显示了台风"红霞"云检测中代表高层的通道 299 和低层的通道 921,进入同化系统中的视场数目以及视场分布情况。图 6.30a、c、e 为通道 299 的无云视场分布,图 6.30b、d、f 为通道 921 的无云视场分布,图 6.30a、b 为 MW 云检测的视场分布,图 6.30c、d 为 LMW 云检测的视场分布,图 6.30e、f 为 MMR 云检测的视场分布,红点即保留的视场。从图中可以看出,所有的云检测过程都表现出剔除更多低层通道、保留更多高层通道引入同化系统中的特征,只是 3 种云检测方案的准确度不一样;以位于大气较高层的第 299 号通道和位于大气较低层的第 921 号通道为例,小阈值的 MW 云检测方案对于第 299 号高层通道保留的观测数目仅为大阈值 LMW 云检测观测数目的 16.2% 和 MMR 云检测的 9.2%,对于第 921 号低层通道则分别为 LMW 云检测的 3.3% 和 MMR 云检测的 2.6%;小阈值的 MW 云检测方案在大气较高的位置开始检索晴空通道,保留的 IASI 资料数目相对较少。图 6.31 显示了 2016 年 9 月 12 日 00UTC 台风"莫兰蒂"3 种云检测效果,图 6.31a、b、c 分别为 MW、LMW 和 MMR,红点为保留的视场,检测结果基本和台风"红霞"一致。

6.1.14　晴空通道云检测算法的不足

　　由于晴空通道云检测算法,其本质上是依赖背景偏差进行云检测的。故而,如果背景场条件较差导致背景偏差不真实,就会对传统云检测算法造成很大影响。例如,由于背景场地表温度场或者湿度场的偏差,就很可能将晴空的通道"错报"为有云通道。反之,也有可能是背景场

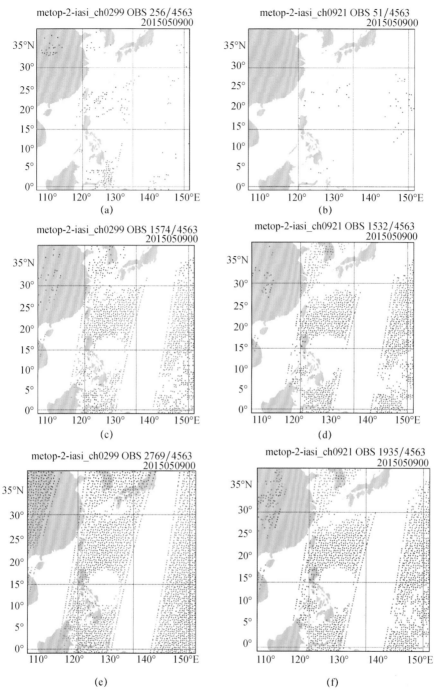

图 6.30　台风"红霞"云检测后的 IASI 通道无云视场分布

的误差,减少了背景场和观测之间的偏差,使得原本受云污染的通道不能被晴空通道云检测算法检测出来。

为了证实这一点,Eressma(2014)统计了晴空通道云检测算法在对流层上检测的检测率(POD)和错误率(FAR)。实验中分别在对流层选取了三个具有代表性的通道:对流层上层通道(中心波数 $700.75\ \mathrm{cm}^{-1}$),对流层中层通道(中心波数为 $711\ \mathrm{cm}^{-1}$)和对流层下层通道(中心

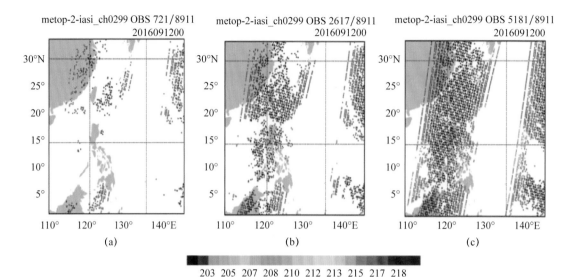

图 6.31 台风"莫兰蒂"云检测后的 IASI 通道无云视场分布

波数为 745 cm^{-1})。对流层中,低层、中层、高层三个通道,对于有云和晴空条件下检测的检测率(POD),错误率(FAR),错报(FA),漏报(Miss)情况见表 6.9。

表 6.9 传统晴空通道云检测算法检测效果

通道	波数/cm^{-1}	晴空	有云	漏报(Miss)	错报(FA)	检测率(POD)	错误率(FAR)
低层	700.75	53.6	33.9	0.62	11.8	0.982	0.258
中层	711.00	33.4	49.0	2.98	14.6	0.943	0.229
高层	745.75	10.1	66.7	3.32	19.9	0.953	0.229

其中检测率(POD)、错误率(FAR)、准确率(ACC)的具体定义如下:

$$POD = H/(H+M) \tag{6.14}$$

$$FAR = FA/(FA+H) \tag{6.15}$$

$$ACC = (H+CN)/(H+CN+M+FA) \tag{6.16}$$

式中:H 为正确被检测出有云的样本数量;M 为本来是有云的样本,但是错误地检测为晴空的数量,即"漏报";FA 为原本是晴空视场的样本,结果却错误地检测为有云的数量,即"错报";CN 为正确地被检测为晴空条件的样本数量。

如表 6.9 所示,三个代表性通道均出现了较高的"错报"率,较低的"漏报"率。低层、中层、高层的错报率分别为 11.8%、14.6% 和 19.9%,漏报率为 0.62%、2.98% 和 3.32%。在对流层上层通道(中心波数为 700.75 cm^{-1}),错误率(FAR)为 0.258 表示当预报结果为"有云"时,实际上有将近四分之一的结果是"错报"(即原本有 25% 的数据是晴空数据,但是错误地检测为受云污染的数据)。检测率为 0.982 代表了仅有 1.8% 的有云的通道出现了"漏报"(即只有 1.8% 受云污染的数据,没有被晴空通道云检测算法识别出来)。

总之,由于过度的依赖背景场,传统的晴空通道云检测算法存在较高的"错报"率,把将近四分之一的有用数据错误地检测成为受云污染的数据,并把这些数据舍弃掉,这样不利于资料的充分使用。

6.2 基于视场匹配的云检测方案

多光谱成像仪具有高空间分辨率、低光谱分辨率的特征。借助多光谱成像仪的高空间分辨率云产品辅助能够进行红外高光谱资料的云检测(Li et al.,2004)。Li 等(2004)认为 MODIS 和 AIRS 的协同使用有助于 AIRS 的云检测,AIRS 像元的云掩码、云层(低,中,高云)和云相态信息(水云、冰云、冰水混合云)等可以通过匹配的 1 km 空间分辨率的 MODIS 云产品客观地确定。Eresmaa(2014)将 IASI 与 AVHRR 进行匹配,并利用 AVHRR 数据辅助判别 IASI 不受云影响的通道辐射。该匹配成像仪的方法能提升红外高光谱云检测的准确性,并对数值预报技巧的提升产生正效果。匹配云检测方法的不足是同时需要两个仪器的观测和云产品信息。当成像仪资料缺失时,红外高光谱资料的云检测无法进行。另一方面,两个仪器的视场匹配需要消耗较多的计算资源,匹配过程较为耗时。

6.2.1 AVHRR/IASI 匹配云检测算法原理

AVHRR 是一种广泛使用的成像仪,与 IASI 探测仪一样,都是搭载在 Metop-A 气象卫星上,可以为各种实际的应用提供高水平分辨率信息。如表 6.10 所示,AVHRR 探测仪拥探测通道,包括了一个可见光通道,两个近红外通道,一个短波红外通道还有两个长波红外通道,视场(FOV)的空间分辨率为 1.1 km。图 6.32 表示了 IASI(a)和 AVHRR(b)的扫描情况。如图所示,很明显能看出 IASI 的空间分辨率较低(12.5 km),所显示台风的结构特征棱角模糊;而 AVHRR 的空间分辨率就非常高(1.1 km),能够非常清晰地刻画出台风的形态。

表 6.10　AVHRR 的通道信息

通道	波长范围/μm	对应的波段	分辨率(星下点)	用途
Ch1	0.55~0.68	可见光	1.1	观测白天的云、海水
Ch2	0.73~1.10	近红外	1.1	水体边界
Ch3A/Ch3B	3.55~3.93	中红外	1.1	海表温度,夜间云图
Ch4	10.50~11.30	热红外	1.1	海表温度,夜间云图
Ch5	11.50~12.50	热红外	1.1	海表温度,夜间云图

AVHRR/IASI 云检测算法本质上是将红外探测仪 IASI 的视场与高水平分辨率的成像仪 AVHRR(两种仪器都搭载在 Metop-A 卫星上)的视场相互匹配,利用在匹配视场内成像仪的观测数据,判断出红外仪器视场是否为晴空视场。具体做法如下:

(1)视场匹配

当两种仪器的观测视场进行匹配的时候,通常都会把两个探测器分为主探测器(Master

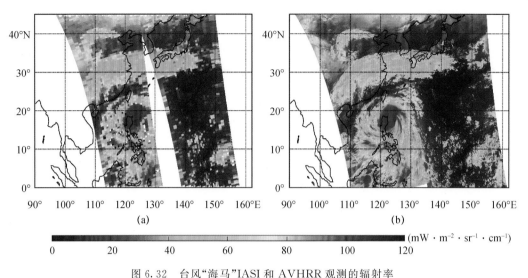

图 6.32　台风"海马"IASI 和 AVHRR 观测的辐射率

(a)IASI 的第 921 号通道(波数 875.0 cm^{-1})；(b)AVHRR 的第 5 号通道(波数 833.3 cm^{-1})

Senser)和从探测器(Slave Senser)，其中从探测器的视场要重叠到主探测器的视场上(Susskind,2003)。在本节中,我们认为 IASI 是主探测器(视场直径较大,有 12.5 km),AVHRR 是从探测器(视场直径较小,为 1.1 km)。

由于探测器的视场形状在星下点上是圆形,在其余任何角度上视场的形状都不是规则的椭圆形。当扫描角增大的时候,视场就会从圆形逐渐变成"鸡蛋型",而这种形状很难用数学语言精准描述,这无疑增加了匹配算法的难度。

为了让匹配算法更具有一般性,我们首先假设一种普遍的情况:要匹配的两种探测仪搭载在不同的卫星上,则要将 Slave 仪器(以下简称 S)的视场和 Master 仪器(以下简称 M)相互匹配。为了处理起来方便,假定 M 仪器投影在地面上视场是一个大圆盘,圆盘的中心为 E。如图 6.33 所示,现在的目标就转化为寻找落在 M 仪器视场 MFOV 中所有的 S 仪器的观测视场。很显然,落在 MFOV 中的 S 视场都具备一个特点:直线 ME 和 MF 之间的夹角 α 要小于 MFOV 的角半径 θ_{max}。所以,我们只要求出 M 仪器的角半径 θ_{max},以及任意一个 S 仪器的视场对应 α 值,就可以判断出 S 仪器的视场是否在 MFOV 中了,即:

$$检测结果 = \begin{cases} S\ 视场在\ MFOV\ 中 & 如果\ \alpha \leqslant \theta_{max} \\ S\ 视场不在\ MFOV\ 中 & 如果\ \alpha > \theta_{max} \end{cases}$$

而 θ_{max} 可以在星下点情况下,使用简单的三角函数关系就能求得:

$$\theta_{max} = 57.29578 \times r/2h \tag{6.17}$$

式中:r 为 IASI 星下点的分辨率;h 为卫星飞行高度,而 57.29578 是弧度和角度之间的转化倍数。至于夹角 α,则可以使用两种仪器扫描角之差来决定(仪器扫描角这个变量存在于相关的数据产品中)。IASI 和 AVHRR 成功匹配后的结果如图 6.34 所示。

大的椭圆形区域为 IASI 视场,其中包含的小圆形区域为 AVHRR 视场,其颜色代表 AVHRR 观测的亮温(K)。

(2)聚类分析

在进行了 AVHRR 和 IASI 的空间匹配之后,对于 IASI 视场中的 AVHRR 通道 4 和通道

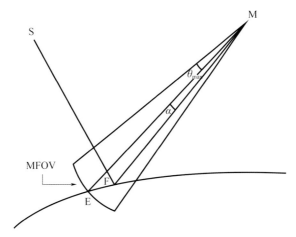

图 6.33　不同卫星上 Master 和 Salve 仪器的视场匹配示意

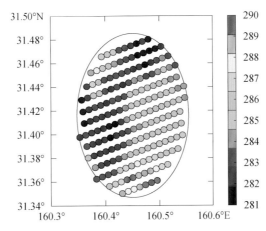

图 6.34　AVHRR 和 IASI 视场的空间匹配示意

5 观测进行聚类分析,一共聚为 7 类(Eresmaa,2014)。本书研究采用的是 Matlab 自带的 kmeans 函数实现聚类分析的。

(3)模拟 AVHRR 背景场亮温

首先在 WRFDA 中输出每一个 IASI 视场的温湿廓线,然后利用 RTTOV 模拟出每一个 IASI 视场内对应温湿条件下的 AVHRR 通道 4 和通道 5 辐射亮温,作为 AVHRR 背景场亮温。

(4)开始进行云检测

AVHRR/IASI 算法具有三个相互独立的检测判据,分别是均质性检测、聚类间连续性检测、背景场偏差检测。只有在同时通过三个检测判据之后,该 IASI 视场才能够判定为晴空视场。下面简要介绍以下这三个判据:

①均质性检测

均质性检测主要目的是初步判断 IASI 视场是否有云。若是一个晴空条件下的 IASI 视场,则在该视场中 AVHRR 的亮温观测数据都应该相差不大,所以亮温的标准差较小。在进行检测时,在 IASI 视场中统计所有 AVHRR 通道 4 和通道 5 的标准差。如果通道 4 和通道 5 的标准差超过预先设定的阈值 0.75 和 0.80,则不能通过该检测。

②聚类间连续性检测

本检测判据主要是检测 IASI 视场是否是部分存在云覆盖的情况。检测中需要用到 7 个聚类中心相互之间的"距离",所以首先我们要定义聚类中心 j 和聚类中心 k 之间的距离 D^{jk}：

$$D^{jk} = \sum_{i=4}^{5} (R_i^j - R_i^k)^2 \tag{6.18}$$

式中：D^{jk} 为聚类中心 j 和 k 之间的距离，i 为 AVHRR 的两个通道(Ch4 和 Ch5)，R_i^j 为第 j 类在第 i 号通道上的亮温的平均值。那么与此类似，我们定义了第 j 类和背景亮温之间的距离 D^j：

$$D^j = \sum_{i=4}^{5} (R_i^j - R_i^{BG})^2 \tag{6.19}$$

式中：R_i^{BG} 就是我们第三步模拟出的 AVHRR 的 Ch4 和 Ch5 背景场亮温。

我们不妨设想以下三种情况：第一种，现存在一个 IASI 的晴空视场，但是由于背景场特别差，故而模拟出来的 R_i^{BG} 就和真实 AVHRR 的观测数据差距较大，即所有的聚类中心与背景场之间的距离就会特别大，而聚类中心之间的距离就比较小(图 6.35a)。第二种，现在存在一个晴空的 IASI 视场，背景场条件较好，故而模拟出来的 AVHRR 亮温结果和真实的情况也比较接近，这时候无论是聚类中心之间的距离还是聚类中心与背景场亮温的距离都应该很小。第三种，现存在部分云覆盖的 IASI 视场，这时候由于有的聚类中心代表晴空的信息，有的聚类代表了云的信息故而聚类中心之间的距离就会比较大，所以有的聚类中心的距离就会接近于背景场亮温，自然地有的聚类中心就会远离背景场亮温(图 6.35b)。

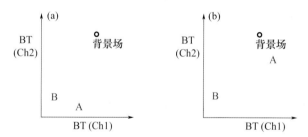

图 6.35　聚类间连续性检测示意图

总结一下：只要是晴空视场，无论背景场好坏，那么聚类中心之间的距离始终很小，即应该是"连续的"。若 IASI 视场存在部分有云覆盖的情况，那么聚类中心之间的距离相差就很大，即"不连续"的。那么只要计算出聚类中心之间的距离以及和背景场之间的距离，就可以实现以上判据了，将上述总结翻译成数学语言则是：

$$D^{jk} > \min(D^j, D^k) \tag{6.20}$$

③背景场偏差检测

此检测判据主要是识别全云覆盖的 IASI 视场。主要思想如下：如果是一个全云覆盖的 IASI 视场，也许能顺利通过前两个判据(全云覆盖的视场中 AVHRR 观测的标准差或者"连续性"都可能符合前两个判据)。但是，全云覆盖视场中 AVHRR 的观测值一定和背景亮温 R_i^{BG} 存在较大偏差。这是因为，我们模拟 AVHRR 背景场亮温的时候是按照晴空条件下的 RTTOV 进行模拟的，所以模拟获得的是 AVHRR 的晴空亮温，而在全云条件下的 AVHRR 观测值则是在有云状态下较冷的观测，其数值应该远小于背景场亮温。这样只要统计出各个

聚类中 AVHRR 的观测亮温和背景场之间的偏差就能判定。若偏差值超过预先设定的阈值 1.0 则不能通过该检测,即

$$D_{\text{mean}} = \sum_{j=1}^{7} f^{j} D^{j} \qquad (6.21)$$

式中:D_{mean} 为各个聚类中心整体上的背景偏差;f^{j} 为第 j 类聚类中心的比例权重,这个权重等于第 j 类聚类中所有样本的个数除以该 IASI 视场中的总样本数。

6.2.2　AVHRR/IASI 云检测的优缺点

(1)缺点

AVHRR/IASI 算法本质上来讲是一种"基于视场"的云检测方案,也就是说它仅仅能检测出某个 IASI 视场是否存在云,但是这种算法并不能直接挑选出哪些通道是可以使用的晴空通道,这对于实际应用有着一定的限制。而且检测设定的三个判据较为简单,还有较大的提升空间。

(2)优点

此方法在进行云检测时,主要依赖的是 AVHRR 真实的观测数据,对于背景场的依赖较弱,这一点和传统的晴空通道云检测方法恰恰相反。另外,此方法还能够有效地检测出部分有云覆盖的视场情况,这也是一个亮点。

6.3　基于成像仪辅助的晴空通道云检测算法

传统的晴空通道云检测技术是一种"基于通道"的云检测手段,它能够挑选出晴空通道供用户使用,但是此方法检测的正确率极大程度上依赖于背景场的质量,如果背景场条件较差则可能云检测效果不佳(Eresmaa,2014)。然而基于成像仪 AVHRR/IASI 的云检测技术,是一种"基于视场"的云检测方法,虽然不能挑选出晴空通道,但是其检测的正确率主要取决于成像仪的观测数据,受背景场影响较小。可见,这两种方法恰巧可以优势互补。

6.3.1　基于成像仪辅助的晴空通道云检测算法流程介绍

针对晴空通道云检测的正确率对背景场过度依赖的问题,本研究将传统的晴空通道云检测算法和 AVHRR/IASI 检测算法相互结合,实现了"基于成像仪辅助的晴空通道云检测算法"。此方法的本质是:首先,将红外探测仪 IASI 的视场与高水平分辨率的成像仪 AVHRR 的视场相互匹配,利用在匹配视场内成像仪 AVHRR 的观测数据,判断出红外高光谱探测仪视场是否为晴空视场。然后将晴空视场的数据直接进入同化系统,不再进行晴空通道云检测;有云视场的数据经过晴空通道云检测后再进入同化系统。此方法是对于传统晴空通道云检测

方法的一种改进,相比于传统晴空通道云检测方法而言,此方法能减少在云检测阶段的计算量,并且增加晴空通道数据的使用率。具体算法流程如图 6.36。

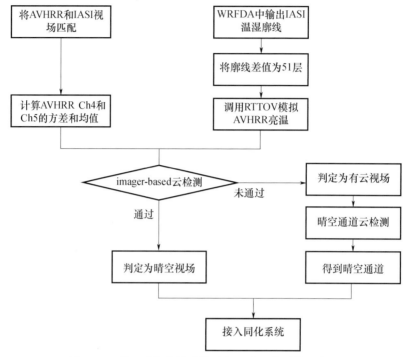

图 6.36　基于成像仪辅助的晴空通道云检测算法流程

6.3.2　实现基于成像仪辅助的晴空通道云检测算法的技术细节

本算法是将晴空通道云检测算法和 AVHRR/IASI 算法相结合的一种算法,在具体实现的过程中存在大量的技术细节,现在将其梳理如下:

(1)视场匹配的空间搜索

实现 AVHRR/IASI 算法的前提是将 AVHRR 和 IASI 的观测视场进行精准的匹配,若匹配算法存在问题则会对结果产生重大的影响,所以需要额外注意这个步骤。

在读取 AVHRR 和 IASI 的经纬度之后,将要匹配的某个 IASI 视场中心的经纬度作为程序的输入,随后寻找到距离此 IASI 经纬度最近的 AVHRR 的那个观测点,并记录下对应的行号(raw)和列号(col),实际上行号代表了 AVHRR 观测的是第几条扫描线,列号代表了是这条扫描线上的第几个扫描点。然后,以该 AVHRR 扫描点为搜索中心,分别向上下左右四个方向进行搜索,只要 AVHRR 天顶角夹角小于预先计算出来的 θ,即可把该扫描点确定为 IASI 视场内的匹配点。

但是,在实际操作中,我们发现有很多存放在 level_1c 的 nc 数据中的扫描角度存在错误的。一旦扫描角错误,这就会直接导致匹配算法的失效,有时会造成搜索算法无法终止,将大量不属于该 IASI 视场的 AVHRR 观测统计到一起。极端情况下,一个 IASI 视场居然匹配了上千个 AVHRR 视场(实际上一个 IASI 视场只能匹配 140 个左右的 AVHRR 视场)。所以,为了解决这个问题,我们必须设定搜索半径,超过该搜索半径的点我们就截断搜索。至于搜索半径的设定,我们可以按照视场分辨率来设定。

(2)如何在 WRFDA 中输出温湿廓线

模拟 AVHRR 背景场亮温,需要在 RTTOV 中输入对应 IASI 的温湿廓线。下面介绍怎样从 WRFDA 中输出对应 IASI 的温湿廓线。在子程序 da_rttov_direct.inc 中加入输出语句,得到相应的变量。如图 6.37 所示:

```
! add by luo
   if ( print_detail_rad .or. errorstatus /= errorstatus_success ) then
       WRITE (*,"(1X,F12.4)")  profiles(1)%s2m%t
       WRITE (*,"(1X,F12.4)")  profiles(1)%s2m%q
       WRITE (*,"(1X,F12.4)")  profiles(1)%s2m%o
       WRITE (*,"(1X,F12.4)")  profiles(1)%s2m%p
       WRITE (*,"(1X,F12.4)")  profiles(1)%s2m%u
       WRITE (*,"(1X,F12.4)")  profiles(1)%s2m%v
       WRITE (*,"(1X,F12.4)")  profiles(1)%skin%surftype
       WRITE (*,"(1X,F12.4)")  profiles(1)%skin%t
       WRITE (*,"(1X,F12.4)")  profiles(1)%skin%fastem
       WRITE (*,"(1X,F12.4)")  profiles(1)%zenangle
       WRITE (*,"(1X,F12.4)")  profiles(1)%azangle
       WRITE (*,"(1X,F12.4)")  profiles(1)%p
       WRITE (*,"(1X,F12.4)")  profiles(1)%t
       WRITE (*,"(1X,F12.4)")  profiles(1)%q
```

图 6.37　在 WRFDA 中输出 RTTOV 所需的变量代码

(3)将云检测结果接入 WRFDA 中的接口设置

在线下经过了 AVHRR/IASI 云检测之后,便能得到一些晴空的 IASI 视场及其对应的经纬度,首先把这些经纬度保存为 dat 格式后,在 da_cloud_detectec_iasi.inc 程序中添加对应的路径读取对应的经纬度。如图 6.38 所示,WRFDA 在进行云检测的时候对视场进行逐个检测,当搜索到晴空视场的经纬度的之后,便将此视场标记为晴空:k_imager_flag=0,反之标记为有云:k_imager_flag=1。

```
!!!!!!!!!!!!!!!!!!!!!!!!!!!!!!!!!!!!!!!!!!!!!!!!!!!!
!add by luo
!write(*,*)"begin avhrr"
open(1994,file="input/num_clear.dat",STATUS='OLD')
read(1994,*) num

allocate(lon_clear_point(num))
allocate(lat_clear_point(num))
open(1995,file="input/clear_lon.dat",STATUS='OLD')
read(1995,*) lon_clear_point(:)

open(1996,file="input/clear_lat.dat",STATUS='OLD')
read(1996,*) lat_clear_point(:)
close(1994)
close(1995)
close(1996)

match_lon = iv%instid(1)%info%lon(1,n)
match_lat = iv%instid(1)%info%lat(1,n)

write(*,*) "match_lon is",match_lon
write(*,*) "match_lat is",match_lat
write(*,*) "num is ",num
do ii=1,num
 if (abs(match_lon-lon_clear_point(ii)) <= 0.01 .and. abs(match_lat-lat_clear_point(ii))<=0.01 ) then
    K_Imager_Flag=0
    write(*,*) "find a clear point"
    exit
 else
    K_Imager_Flag=1
 endif
enddo

!!!!!!!!!!!!!!!!!!!!!!!!!!!!!!!!!!!!!!!!!!!!!!!!!!!!
```

图 6.38　把晴空的云检测结果接入到 WRFDA 中代码

（4）设定相关判据，把控晴空视场的质量

在实践中，一开始只要是判定为晴空视场（k_imager_flag＝0），便将该视场全部 167 个通道的数据不经过晴空通道云检测，直接接入到 WRFDA 中。这样虽然引入了大量的新观测，但是同化和预报的效果并不好。原因是：AVHRR/IASI 算法检测的正确率不可能是 100％，所以可能错误地把有云的视场判断为晴空的视场，让有云污染的数据进入了同化系统，对分析场产生了不良的影响。为了保证进入同化系统的视场确实是晴空的，设定 7 个严格的判据。只有 7 个条件完全满足，检测出的晴空视场才能判定为晴空视场不需要再经过晴空通道云检测，直接进入同化系统，代码如图 6.39 所示。

```
! changed by luo
IF (ABS(Z__DBT_Smoothed(I__Start_Channel_Surf)) < Z__BT_Threshold .AND. &
&    ABS(Z__DBT_Smoothed(I__Start_Channel)) < Z__BT_Threshold .AND. &
&    ABS(Z__DBT_Smoothed(I__Max_Channel)) < Z__BT_Threshold .AND. &
&    ABS(Z__DBT_Smoothed(K__NumChans)) < Z__BT_Threshold .AND. &
&    LL__WINDOW_GRAD_CHECK .AND. &
&    K__Imager_Flag==0 .AND. &
&    S__Cloud_Detect_Setup(K__SENSOR) % L__Do_Quick_Exit) THEN
  !Quick exit
```

图 6.39　设定的 7 个判据代码

具体判据含义如下：

① 地表通道的偏差值＜Z_BT_Threshold；

② 第一个通道的偏差值＜Z_BT_Threshold；

③ 最后一个通道的偏差值＜Z_BT_Threshold；

④ Z_DBT_Smoothed 中最大偏差值＜Z_DBT_Smoothed；

⑤ 使用红外长波窗区的梯度检测（即 Ch475 和 Ch950 的差值小于阈值 0.4）；

⑥ 该视场用额外的手段（AVHRR/IASI 或者机器学习方法）检测结果为"晴空"；

⑦ 打开"快速退出"开关。

所以，最终所有经过本段程序的视场有三个可能：一是运用成像仪 AVHRR/IASI 方法检测为晴空视场，且通过了我们设定的 7 个判据判据，不经过晴空通道云检测直接进入同化系统；二是用成像仪 AVHRR/IASI 算法检测为晴空视场，7 个判据只要有一个不通过，就视为有云视场，开始运行晴空通道云检测；三是 AVHRR/IASI 算法检测为有云视场，直接运行晴空通道云检测。

第 7 章
卫星红外高光谱资料主成分和
重构辐射率同化方法

随着航天技术的快速发展,特别是新型高分和主动遥感仪器的应用,遥感数据呈几何级数增长,NASA 相关研究报告指出,美国航天任务的数据量,大约每 5 a 增加一个量级(薛纪善,2009)。诸如将部分地面数据处理工作在轨完成、除去遥感数据冗余信息、使用无损或近无损压缩算法压缩数据等实时或近实时在轨数据处理,以实现星上数据存储和下传数据率降低是一种发展趋势。

高分辨率卫星观测可以压缩降维或者重构为新的产品形式。随着遥感技术和星上高性能计算技术的发展,未来的发展趋势很可能是高分辨率卫星观测资料会以降维压缩或者重构产品形式直接从星上发布到用户终端。研究这些新类型产品的同化方法和技术具有重要的意义。本章以 IASI 为代表,针对 IASI 主成分(Principal Component,PC)降维压缩信息同化应用问题,设计并实现了重构辐射率的同化应用方法。

将少数高阶的主分量通过特征向量的转置矩阵投影回辐射率空间,形成重构辐射率。这些重构辐射率能够有效保留这些主分量包含的整个光谱或者整个波段的主要光谱信息,并且性质与原始辐射率相似。截取的高阶主分量随机噪声较少,相应重构的辐射率噪声较小。可以证明,在一定前提条件下,同化重构辐射率与同化主成分分量具有等价性。将重构辐射率应用于同化系统中,有利于探索低噪声的完整光谱信息和分波段光谱信息,以及这些信息给同化分析和预报带来的改进效果。

7.1 红外高光谱主成分压缩降噪方法

7.1.1 红外高光谱数据降维技术

目前,卫星对地球的观测数据与日俱增,其中数据量增幅最大的莫过于红外高光谱仪器。在 2002 年和 2006 年分别升空的 AIRS 和 IASI 拥有 2378 个和 8461 个探测通道,以及欧洲正在研制的 IASI-NG 拥有 16921 个通道,这些众多的通道对于卫星资料用户单位的数据存储、传输和计算将提出严峻的挑战。

特别是在近实时应用方面,高光谱通道观测数量的增加会导致理论和实际操作上的困难。例如,现有的反演算法几乎不能处理数量庞大的红外高光谱观测数据,这是因为大量的数据冗余会造成数学计算不稳定,而且反演全光谱数据的时间开销非常巨大。另外,如果直接使用原始的全光谱资料又和数值天气预报模式不兼容,而且会占用大量处理资源。所以,在实际应用高光谱数据的时候不得不减少数据的维度来抑制"维数灾难"(Aires et al. ,2011)。

降维的目标是为了给反演算法提供原始观测资料中最完整和相关的信息,而又降低了使用成本。为了达到此目的,目前主要采用两种降维方案,而且这两种方案都具备各自的优缺点。

第一种减少数据维度的方法是通道筛选(特征选择)。在此方法中,只挑选出来部分通道信息以供使用。例如,基于雅可比矩阵的通道选择算法,使用 RTM 的雅可比算子来调查仪器通道的信息,以便选择更合适的通道。此方法在利用某些特殊通道反演痕量气体的时候非常有效(George et al.,2009)。通道选择方法能减少计算需求并管理大量数据。通常来讲,Susskind 等(2003a,2003b)对 AIRS、Collard(2007)对 CRIS 和 IASI 选取 200~300 个通道来反演温度和湿度。通道挑选方法能够保存观测有利于反演的物理信息。然而,通道挑选方法会导致信息的丢失,此外冗余的信息没有进行降噪进而充分地利用起来。

第二种卫星资料降维方案是"特征提取",本节将使用术语"压缩"来表示此方案。压缩方案是使用一个算子作用于整个观测向量来提取他们最相关的信息,通过结合观测辐射率和通道的信息冗余来达到降维效果。其中主成分分析(Principal Component Analysis,PCA)方法在实践中应用的非常广泛。这种方法在压缩原始辐射率卫星观测降噪方面十分有效(Aires et al.,2002)。

在降维和保存关键信息上需要寻找一个平衡点。对于数据的传输和存储,EUMETSAT 考虑用几百个 PC 分量(大概 300 左右),因为这样最能保存原来的信息容量又有利于存储。对于数据的反演,大约使用 50 个主分量就足够了(Aires,2011)。

但是在利用 PCA 处理技术对于数据的反演和同化方面,还是有很多未解决的问题和限制。

①PCA 技术存在"混淆问题",即一个主分量能代表多个变量的信息,这是由于 PCA 方法是将最大的方差和变化压缩到前几个分量中,这就意味着 PC 分量也许很难从物理意义上理解。

②PCA 技术会忽略一些微小的大气信息。PCA 技术是将整个光谱观测数据的最大特征压缩到前几个主分量中,但是一些大气中有价值的微弱的信号就可能被当作小特征值对应的低阶分量被剔除。

③PCA 技术在数据集是高斯分布的时候最理想,但是在面对更加复杂的数据结构:变量之间非线性关系,或者一些极端的情况就不太适应。

7.1.2 红外高光谱多参数空间的转换

高分辨率红外光谱的资料同化,需要面临的一个问题是降维后资料的同化。大气资料信息借助红外高光谱可以三个空间表达:第一个是温度(T)、湿度(q)等直观参数的模式空间,第二个是光谱辐射率空间,第三个是主成分空间。大气信息在三个空间的转换关系如图 7.1 所示。第一个空间通常是仪器遥感探测的真实大气信息,或者背景场廓线信息。其中,通过大气辐射传输模式,能利用背景场模拟出光谱辐射率或者亮温信息。有三种辐射传输模式能够实现大气信息从模式空间到光谱辐射率空间的转换:逐线辐射传输模式、快速辐射传输模式、PC 辐射传输模式。逐线辐射传输模式,是一种对大气信息进行精细化模拟,能够精确模拟出大气辐射率,只是模拟过程复杂,消耗大量的计算时间和计算开销,不适合业务运行(张华 等,2005)。快速辐射传输模式,是将逐线辐射传输模式模拟的精确大气透过率经过统计回归以后,形成一个快速大气透过率回归系数,在实际运用时快速模拟出大气顶发出的通道辐射率或者等价的亮温。快速辐射传输模式通常以逐线辐射传输模式为参考基准,在一定误差范围内,通过选择不同精细化的预报因子模拟不同精度的光谱辐射率,方便业务运行的快速模拟(李俊 等,2012)。PC 辐射传输模式首先将模式空间的信息转换为光谱辐射率空间信息后投影到 PC 空间,再通过重构转换回辐射率空间,或者从大气层遥感到的光谱辐射率转换同样通过 PC 投影到 PC 空间,压缩整个光谱为少量观测 PC 分量后,再重构为光谱辐射率(Masiello et al.,2012)。目前大部分大气数值模拟业务中心的同化直接光谱辐射率空间实现,受计算效率的限制。仅仅挑选出少数几个观测光谱空间的通道辐射,经过辐射传输模式模拟相应的通道辐射率后进行同化,这种方法没有充分利用光谱信息,大量通道的信息并没有充分开发。正如上一章描述,目前的光谱仪器向更高分辨发展,更多的光谱通道信息需要充分开发利用。PCA 方法正好可以高效利用众多的光谱通道信息,将大气信息在少数 PC 空间进行同化或者重构辐射率空间同化,这也是目前欧美先进数值预报中心高分辨同化应用方向。

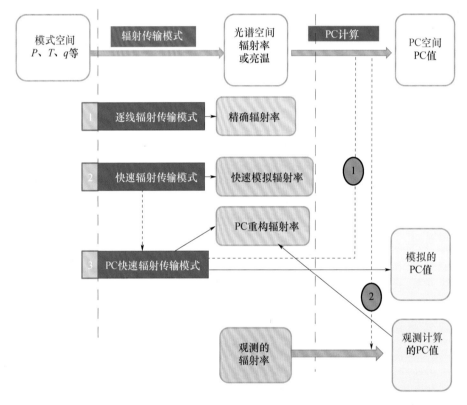

图 7.1　大气信息在三种空间的转换关系

7.1.3　红外高光谱主成分和重构辐射率空间的研究进展

早在 1990 年还没有真正意义上的星载高分辨率红外光谱仪器时,Scheppele 等(1990)尝试将虚拟的高分辨红外光谱资料转换到主成分空间和重构辐射率空间,分别形成 PC 分量和重构辐射率。在红外高光谱 AIRS、IASI 等仪器相继升空以后,ECMWF 团队研究了能够初步模拟主成分分量和重构辐射率的辐射传输模式 RTTOV9.0(Saunders et al.,2010),发展到现在的 RTTOV12.0 能够初步对有云的 IASI 光谱实现主成分压缩和重构辐射率模拟(Saunders et al.，2017)。Matricardi 等(2014)提出了在 ECMWF 的四维变分同化系统中直接同化 IASI 主成分分量，初步同化用晴空地区观测的 PC 分量试验结果和同化原始辐射率效果相当。Collard 等(2010)指出，红外高光谱的 PC 分量权重函数在整个垂直大气层具有多个峰值，可能对业务系统的同化效果产生扰动。Collard(2012)对重构辐射率观测误差协方差矩阵进行了调查，并基于该矩阵的条件数总结了重构辐射率通道选择的方案。Stiller 等(2015)初步对重构辐射率中的云信号进行调查，得出有云条件下的重构的高层通道可能混含有底层的云信号，需要更多的试验进行统计得出规律。Smith(2014)通过同化 IASI 主成分分量和重构辐射率，增加了数值模拟时 IASI 同化分析场的信息量。

整体上讲，对于高分辨率卫星资料在降维和重构以后观测资料的同化应用，现在还处于初步研究的阶段，支撑理论还不是很成熟，应用规律还需要大量的研究和试验与统计分析来总结。本章对直接同化 IASI 的主成分分量和重构辐射的方法做了深入的研究并开展了相关试验工作，下文做详细介绍。

7.2 红外高光谱主成分同化方法论证

7.2.1 主成分技术原理

PCA 技术是一种广泛使用的压缩技术，本节使用该技术主要是为了压缩和降低 IASI 观测向量 y 的噪声，下面简要介绍一下 PCA 原理。

令 $D = \{y_i | i = 1, 2, \cdots, n\}$ 代表训练的数据集，y 是维度为 M 的观测向量，对于 IASI 来讲 $M = 8461$，n 是训练集的个数。令 Σ 代表观测数据集 D 的协方差矩阵，维度是 $M \times M$。将 Σ 进行特征值分解，得到对应的特征值 V 和特征向量 L(由特征分解定义可得，$\Sigma \cdot V = V \cdot L$)。

然后定义一个 $M \times M$ 维度的滤波矩阵(也叫 PC 系数)$F = L^{-\frac{1}{2}} \cdot V^t$。这个矩阵则是用来将 IASI 观测资料从亮温空间投影到 PC 空间中。这个 PC 空间则是由相互正交的特征向量所构成的，这些特征向量实际上就是 F 的列向量，用 F_{*i} 表示。

那么可以进行如下操作：

$$h = F \cdot y = F_{1*} \cdot y_1 + F_{2*} \cdot y_2 + \cdots + F_{M*} \cdot y_M \tag{7.1}$$

$$y = F^{-1} \cdot h = F^t \cdot h = h_1 \cdot F_{*1} + h_2 \cdot F_{*2} \cdots + h_M \cdot F_{*M} \tag{7.2}$$

式中：向量$\{F_{i*} | i = 1, 2, \cdots, M\}$称为 PCA 基函数。在式(7.2)中，由于 F 是实对称矩阵，故 F 的逆矩阵就是 F 的转置。因为我们并没有在 M 个特征中挑选出个别重要的特征，式(7.1)和(7.2)实际上没有起到压缩和重构的作用。但却是压缩和重构算法中最本质的原理。

现在取 F 前 N 个特征向量，构成一个 $N \times M$ 维新的滤波矩阵记为 $\overline{F}$。那么使用 PCA 进行压缩操作时，类似于(7.1)式，将 $\overline{F}$ 和观测样本 y 做矩阵乘法，就把原始 $M = 8461$ 的维度

投影到 N 维的 PC 空间中(其中 $N<M$)。当我们要进行重构 $\hat{y}$ 的时候,由于 $\overline{F}$ 这时候并不是实对称矩阵而是一个长方阵(长方阵没有逆矩阵),故而要乘以 $\overline{F}$ 的广义逆矩阵,即:

$$h = \overline{F} \cdot y \tag{7.3}$$

$$\hat{y} = \overline{F}^{-1} \cdot h \tag{7.4}$$

至此,式(7.3)和(7.4)便是 PCA 压缩和重构基本原理和方法。

7.2.2　PC 系数的统计方法

通过观察,式(7.1)～(7.4),我们不难发现,实现压缩和重构的最关键部分就是滤波矩阵(PC 系数)F。只要得到 F 后,压缩和重构操作就变成简单的矩阵向量乘,故而在实际操作中如何统计出合理的 PC 系数,就显得十分重要。下面详细介绍如何统计出 PC 系数。

(1)统计 PC 系数的数据集选取

PC 系数反映了红外高光谱观测数据中最为本质的"特征",在选取数据集的时候不能使用实际的观测数据,这是因为实际观测数据中一定存在噪声,而噪声信号会污染这个本质的"特征",使得统计的 PC 系数不合理。通常忽略辐射传输模式的误差,把经过辐射传输模式模拟出来的数据当作无噪声的观测。所以,本节选用的是经过 RTTOV 模拟 IASI 全光谱亮温值作为训练集,样本个数为 2800 个,同时也认为它们是 IASI 观测的"真实值"。

(2)统计全波段 PC 系数

首先,将训练集存放在一个 2800×8461 维度的矩阵 D 中。随后求得 2800 个样本中全光谱亮温的平均值,显而易见的维度是 1×8461。然后遍历 2800 个训练样本,将每个样本和平均值相减,得到去平均后的矩阵 V,接着求得训练集对应的协方差矩阵 $C(C=VV^T)$,且 C 的维度为 8461×8461。通过 Matlab 中自带的函数"pca",就能求得 PC 系数(维度是 8461×2799)。

(3)统计分波段 PC 系数

以上步骤选取的是 IASI 全光谱一共 8461 个通道作为研究对象,统计出来的 PC 系数我们称之为"全波段 PC 系数"。类似的,可以将一些部分感兴趣波段的通道作为研究对象,对应生成的系数称之为"分波段 PC 系数"。本研究统计一共五个分波段的 PC 系数,分别对应的波段为红外长波波段(645～1210 cm^{-1})、红外中波波段(1210～2000 cm^{-1})、红外短波波段(2000～2760 cm^{-1}),进入 WRFDA 同化系统的 616 个通道,在 WRFDA 中真正投入使用的 167 个通道。

7.2.3　使用 PCA 方法对 IASI 数据压缩和重构

(1)PCA 方法对于 IASI 数据的压缩

将全光谱 PC 系数截取前 50 个主分量后,应用到训练集 A 中进行压缩操作,然后统计前 5 个主分量的解释方差,结果如表 7.1 所示。可以看到,在 PCA 方法中第一个主分量所占的方差贡献最大高达 87.9%,说明了 IASI 光谱绝大部分的信息都保存在第一主分量之中。而前五个主分量的累计解释方差为 99.72,说明前五个主分量已经能囊括将近 99.72% 的方差信息。

表 7.1 PCA 前五个主分量累计解释方差百分比 单位:%

主分量	1	2	3	4	5
方差贡献	87.90	7.92	1.93	1.08	0.89
累计解释方差	87.90	95.82	97.75	98.83	99.72

(2)PCA 基函数的特征谱分析

那么为什么前几个主分量就能占有几乎全部的方差信息呢? 为了回答这一问题,需要针对性的研究前几个 PCA 基函数的特征谱,即 PCA 基函数 $\{F_{i*} \mid i=1,2,\cdots,M\}$。本节只研究了前三个 PCA 基函数的特征谱,结果如图 7.2~7.4 所示。从图 7.2 中可以发现,第一 PCA 基函数(b)将原始光谱(a)的基本形态特征都刻画出来了,这可能就是对应计算出来的第一主成分能占 87% 的解释方差。图 7.3 的第二 PCA 基函数(b)则主要是可能反映了在 1210~2100 cm^{-1} 波段上,原始光谱(a)对于水汽的吸收特性。图 7.4 的第三 PCA 基函数(b)则可能是反映了原始光谱(a)在 660 cm^{-1} 附近波段上 CO_2,1210 cm^{-1} 以及 2200 cm^{-1} 波段附近 N_2O 气体的吸收特性。

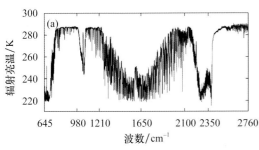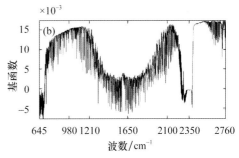

图 7.2 IASI 原始的辐射亮温(a),第一 PCA 基函数(b)

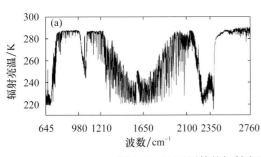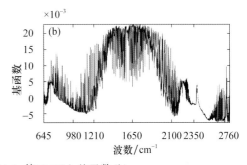

图 7.3 IASI 原始的辐射亮温(a),第二 PCA 基函数(b)

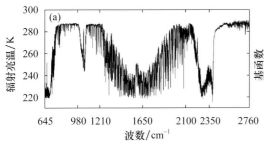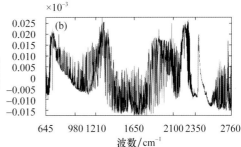

图 7.4 IASI 原始的辐射亮温(a),第三 PCA 基函数(b)

（3）添加 IASI 仪器噪声生成测试集

对于红外高光谱探测仪 IASI,噪声主要有两部分组成。第一部分称之为探测噪声,这是由于仪器制造时候本身固有的一种噪声,是不随时空变化的。这种噪声属于高斯白噪声,其均值为 0,方差为 σ。其中,对于方差信息 σ,本节引用的是 1DVar 系统中 IASI 的方差信息。第二部分的噪声信息,属于和时间相关的噪声信息,这部分噪声随着大气中化学成分的变化而变化。本节主要关注的是第一种噪声情况,在得知每一个通道的噪声分布情况后,根据噪声是高斯分布的特性随机在 2800 个样本中添加了噪声,用来作为实际观测值的替代,即测试集。

（4）PCA 技术降噪效果

PCA 技术除了能高效地将数据进行压缩,还可以有效地利用冗余信息,对数据进行降噪。在进行降噪之前,根据 1DVar 的噪声标准差统计出了 IASI 噪声分布情况,结果如图 7.5 所示。可以发现在波数为 $2100\sim2350\ \mathrm{cm}^{-1}$ 之间温度探测通道上,噪声的标准差特别大,其余部分的噪声水平较小。随后,利用之前统计的全波段 PC 系数和三个分波段 PC 系数（长波,中波,短波）,对于 2800 个测试集分别进行 PCA 压缩和重构,并统计出重构通道的噪声情况,整体的降噪结果如图 7.6 所示。图 7.6 表明,无论是全波段 PC 系数（绿色）还是分波段 PC 系数（蓝色）,将具有噪音的数据重构之后都有显著的降噪效果。进过降噪之后的数据,噪声的标准差得到了明显的下降。为了更加进一步探究降噪效果,将图 7.6 分为长波、中波、短波三个波

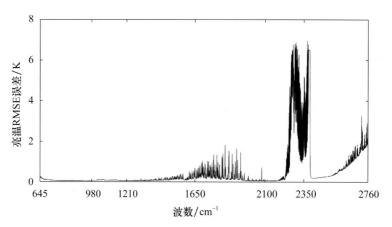

图 7.5　IASI 仪器各个通道噪声的标准差分布

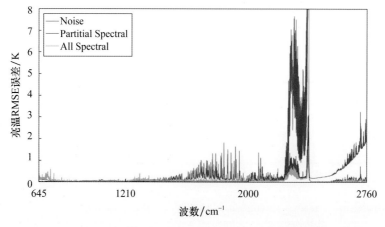

图 7.6　全波段和分波段 PC 系数（长波,中波,短波）的降噪效果示意

段进行针对性的研究,结果如图 7.7~7.9 所示。结果表明,对于长波波段(图 7.7)和中波波段(图 7.8)来讲,分波段统计的 PC 系数(蓝线),降噪效果比全波段 PC 系数(绿线)更胜一筹。然而,在噪声最大的短波波段(图 7.9)中,分波段的 PC 系数(蓝线)降噪能力却不如全波段 PC 系数(绿线)。

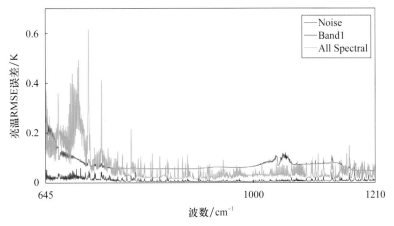

图 7.7　全波段 PC 系数和长波波段 PC 系数的降噪效果示意

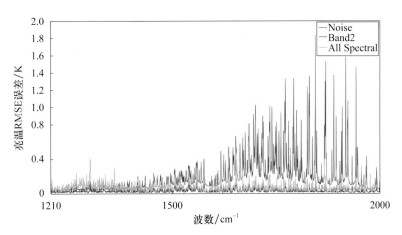

图 7.8　全波段 PC 系数和中波波段 PC 系数的降噪效果示意

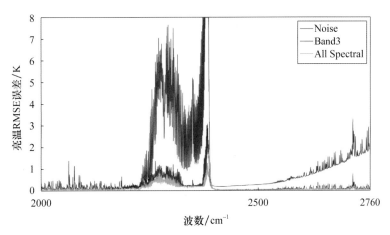

图 7.9　全波段和短波波段 PC 系数的降噪效果示意

7.2.4 同化主成分分量方法

同化 PC 分量需要在 PC 空间求解最优分析值，首先将观测辐射率 y 投影到 PC 空间获得观测的 PC 分量 y_{obs}^{PC}，并且将大气状态 x 输入观测算子 PCRT 模式计算出与观测相对应的 m 个模拟 PC 分量 $y_b^{PC}(x)$，然后通过迭代法极小化获得最优解，具体的代价函数表示为：

$$J(x)=[x-x_b]^T B^{-1}[x-x_b]+[y_{obs}^{PC}-y_b^{PC}(x)]^T O^{-1}[y_{obs}^{PC}-y_b^{PC}(x)] \qquad (7.5)$$

图 7.10 描述了采用的 4DVar 同化 PC 分量的方法。观测的 IASI 光谱先经过云检测并且剔除受云污染的光谱。然后将晴空光谱投影到光谱特征向量系数上产生 PC 分量 y_{obs}^{PC}。每一个观测的 PC 分量向量长度为 $n=8461$，但是仅同化前 m 个 PC 分量（$m<n$，并且按照特征值的降序排列）。如果采用已经训练好的光谱协方差特征向量系数，那么这些由晴空基础辐射率库训练出来的系数，只对晴空视场有效，也就是只适合完全晴空视场即整个光谱的每个通道都不受云影响的情况。这样前面一章描述的晴空通道云检测方法并不适合 PC 的云检测过程，反而只能用晴空视场云检测方法。晴空视场内的光谱通道通过这些特征向量系数投影求解的每个 PC 分量都不包含云信息，仅包含晴空大气的温度、湿度等信息。如果采用受云影响的基础光谱辐射率库训练出来的协方差特征向量系数，那么求解的部分 PC 分量对应着云信号。

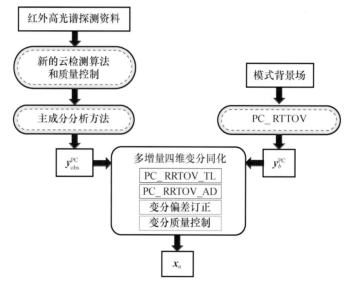

图 7.10　同化主成分分量的四维变分同化框架

7.2.5 直接同化 IASI 主成分分量的困难

分布在 PC 空间的 PC 分量非常的抽象。一个 PC 就能代表整个大气变化最大方向的信息，不仅仅是温度或者湿度信息，而是整个大气高度从底层到高层的全部信息，并且在整个大气层存在多个权重函数峰值，无法用直观的物理量来形容，如图 7.11 所示。

在 PC 空间进行主成分分量的同化，质量控制、偏差订正、云检测等常规的同化环节都应

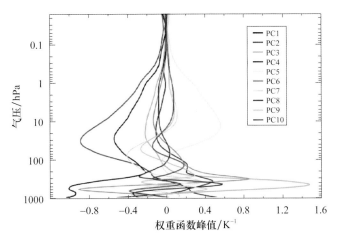

图 7.11　IASI 的前 10 个 PC 的权重函数

该统计出 PC 空间的特征,才能在 PC 空间进行实施这些同化的关键步骤。这个对于没有大量统计数据的数值预报中心,同化 PC 分量很难获得较准确的分析场。目前 ECMWF,初步在 PC 空间实现了红外高光谱 PC 分量的同化,获得一些 PC 分量的统计特征,但是并没有能完全展示出同化 PC 分量的优越性,只是证明同化少数 PC 分量相对同化完整光谱的所有通道节省了计算开销。相比 PC 空间的抽象性,重构辐射率则具有类似原始观测辐射率的特征,研究人员能更直观地理解其携带的大气信息。本节对重构辐射率过程在同化方法做深入的推理和研究,并对方法的效果进行了调查,下文将进行详细的介绍。

7.3　重构辐射率原理和同化

7.3.1　重构辐射率原理

将光谱从主成分空间转换到光谱辐射率空间,即重构辐射率方法。当 PC 分量的仪器噪声协方差矩阵满足如下条件:

$$\boldsymbol{L}_p^{\mathrm{T}} N^{-1/2} N N^{-1/2} \boldsymbol{L}_p = \boldsymbol{I} \tag{7.6}$$

那么,噪声标准化的重构辐射率为:

$$\widetilde{\boldsymbol{y}} = \boldsymbol{L}_p p = \boldsymbol{L}_p \boldsymbol{L}_p^{\mathrm{T}} \boldsymbol{y} \tag{7.7}$$

在 PC 压缩降维时,通常假设观测光谱的仪器噪声协方差矩阵满足如下等式:

$$N^{-1/2} N N^{-1/2} = \boldsymbol{I} \tag{7.8}$$

那么噪声标准化后完整光谱的重构辐射率仪器噪声协方差矩阵为式(7.9)的左边部分,由式(7.6)式代入可以得知该项矩阵经过简化后可以等价为将原始辐射率转换为重构辐射率的矩阵 $\boldsymbol{L}_p \boldsymbol{L}_p^{\mathrm{T}}$ 满足如下等式:

$$L_p L_p^{\mathrm{T}} N^{-1/2} N N^{-1/2} L_p L_p^{\mathrm{T}} = L_p L_p^{\mathrm{T}} \tag{7.9}$$

同化重构辐射率时,一般也不是同化所有的 8461 个通道,而是需要对重构辐射率进行通道选择,例如选出 n_{ass} 个通道进行同化,其中($n_{\mathrm{ass}} < p$)。通道选择的过程可以表示为一个稀疏矩阵 $S(n_{\mathrm{ass}} \cdot n)$ 的作用。那么噪声标准化的稀疏重构辐射率 $\tilde{y}_{\mathrm{ass}}$ 表示为

$$\tilde{y}_{\mathrm{ass}} = L_s p = S L_p p = S L_p L_p^{\mathrm{T}} y \tag{7.10}$$

这样稀疏的重构辐射率其仪器噪声协方差矩阵为

$$L_s L_p^{\mathrm{T}} N^{-1/2} N N^{-1/2} L_p L_s^{\mathrm{T}} = L_s L_s^{\mathrm{T}} \tag{7.11}$$

该通道选择的稀疏矩阵能够应用于原始辐射率即 Sy,以提高计算效率并达到数理的稳定性。对于原始辐射率,通道选择获得的通道信息并不会包含完整 300 个主成分分量重构的辐射率那么多信息。为了简化描述,下文中的矩阵 S 将省略,$\tilde{y}_{\mathrm{ass}}$ 简化为 $\tilde{y}$,Sy 简化为 y。上面的转换过程只能得到一个噪声标准化且去平均的重构辐射率。这是由于主成分计算过程中,光谱协方差矩的特征向量系数是对噪声标准化且减去由统计的气候平均光谱辐射率后计算协方差矩阵进行求解获得。在实际同化过程中,是同化一个完整的重构辐射率向量 $\tilde{y}_{\mathrm{obs}}$,而非标准化去平均值的偏差值 $\tilde{y}$,因此需要加上将气候光谱平均值辐射率才适合用于同化,如下所示:

$$\tilde{y}_{\mathrm{obs}} = N^{-1/2}(\tilde{y} + y_m) \tag{7.12}$$

假设仪器误差协方差矩阵为:

$$N^{1/2} L_p L_p^{\mathrm{T}} N^{-1/2} N N^{-1/2} L_p L_s^{\mathrm{T}} N^{1/2} = N^{1/2} L_s L_s^{\mathrm{T}} N^{1/2} \tag{7.13}$$

为了简化等式的表达,以下同化框架中的表述都用标准化的向量 y 表示同化中实际使用的原始通道辐射率,用 $\tilde{y}$ 来表示同化实际使用的重构通道辐射率。图 7.12 为单根光谱内 K 个 PC 重构出 n 个通道辐射率的示意图。

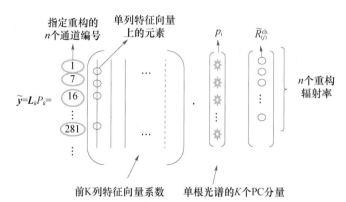

图 7.12　单根光谱 K 个 PC 分量重构选定通道辐射率示意

7.3.2　最优化框架下同化重构辐射率方法

前面第 2 章已经描述过最优化同化理论框架,但是在该最优化框架下同化重构辐射率和同化原始辐射率并不完全相同,其增量计算和误差项中都包含了 PC 矩阵转换过程引入的相关计算和误差。除了前面定义的同化向量和矩阵以外,同化系统中由大气状态向量 x 计算辐射率的关键部分即辐射传输模式的正演模式 H_{obs} 也需要做相应的调整。正演模式与气候平

均辐射率之间的差为 $H(x)$，表示为：

$$H(x) = H_{obs}(x) - y_m \tag{7.14}$$

同化主成分或者重构辐射率可以使用专门的基于 PC 的正演模式，同样也可以通过具有投影辐射率效果的矩阵转换方式来构造重构辐射的正演模式 $\tilde{H}(x)$。

$$H_{pc}(x) = L_p^T H(x) \tag{7.15}$$

$$\tilde{H}(x) = L_s L_p^T H(x) \tag{7.16}$$

正演模式中携带误差，这种误差可以通过偏差订正获得一定程度的订正，而没有被订正的误差部分可以视为真实辐射率的随机误差协方差 F 的随机误差。假定真实辐射率的仪器误差项用 E 表示，那么 PC 压缩前对原始辐射率光谱进行了噪声标准化过程引入的仪器噪声满足等式 $E = I$，并且同样还可以将重构辐射率仪器噪声简化为 $L_s L_p^T$，如式（7.11）。这样构成了总的误差协方差矩阵 R 包含的仪器噪声误差 E 和正演模式误差 F 两个部分。

定义 y_t 表示为真实原始辐射率向量减去气候平均观测光谱后获得的标准化残差。求解原始辐射率的最优估计，在极小化过程中使用的观测增量 δy 和总的误差协方差 R 表示为：

$$\delta y = (y - y_t) - (H(x) - y_t) \tag{7.17}$$

$$R = E + F \tag{7.18}$$

代价函数中用当前大气状态拟合原始观测的部分为 J_o，表示为：

$$J_o = (y - H(x))^T R^{-1} (y - H(x))$$

最优化同化框架下同化重构辐射率，相应的观测增量 $\delta\tilde{y}$ 和总的观测误差协方差 $\tilde{R}$ 为：

$$\delta\tilde{y} = (\tilde{y} - \tilde{y}_t) - (\tilde{H}(x) - \tilde{y}_t) \tag{7.19}$$

$$= L_s L_p^T (y - y_t) - (H(x) - y_t)$$

$$\tilde{R} = L_s L_p^T E L_p L_s^T + L_s L_p^T F L_p L_s^T \tag{7.20}$$

$$= L_s L_p^T R L_p L_s^T$$

同化重构辐射时代价函数中背景场与观测重构辐射率的拟合项表示为：

$$\tilde{J}_o = (L_s L_p^T (y - H(x)))^T (L_s L_p^T R L_p L_s^T)^{-1} (L_s L_p^T (y - H(x))) \tag{7.21}$$

通过式（7.9）可知，由原始辐射率转换为重构辐射率的转换矩阵 $L_p L_s^T$ 为 $n \times n$ 维度的矩阵，该矩阵的秩最大值为 p。如果重构完整的光谱的 n 个通道辐射率（通道数 $n >$ 主成分分量 p），那么这个转换矩阵是非满秩的，即非正定的。这将导致同化重构辐射率时，与转换矩阵等价的仪器噪声协方差矩阵是非满秩的。同样也因为该矩阵属于正演模式误差矩阵以及总观测误差协方差矩阵一部分，这两个矩阵也是非满秩的。这也意味着重构的辐射率最多只有 p 个通道是相互独立的，其他的通道可以由这 p 个通道线性组合得到。

7.3.3 同化重构辐射率与主成分分量的等价性

在一定的假设前提下，同化重构辐射率和同化 PC 分量具有等价性。这些假设前提为：

① 重构和 PC 计算过程中使用相同的正演模式，即：$\tilde{H}(x) = L_s H_{pc}(x)$；

② 矩阵 $L_s L_p^T R L_p L_s^T$ 是可逆的，且具有良好的条件数；

③ 为了确保同化 PC 分量和同化重构辐射率具有等价性，稀疏矩阵 L_s 必须是可逆的，以

满足式(7.18)右侧中间求逆的项可以分解为可逆矩阵的积的条件。当 L_s 是方阵的时候才可逆,这样重构通道数的数目应该精确的等于 p。

证明同化 PC 分量和同化重构辐射率具有等价性的过程如下描述:

首先 $H_{pc}(x) = L_p^T H(x)$,则对于 PC 分量的 J_o 可以表示为如下等式

$$J_{o\_pc} = (L_p^T(y - H(x)))^T (L_p^T R L_p)^{-1} (L_p^T(y - H(x))) \tag{7.22}$$

式(7.21)可以转换为:

$$\begin{aligned}
\tilde{J}_o &= (L_s L_s^T(y - H(x)))^T (L_s L_p^T R L_p L_s^T)^{-1} (L_s L_s^T(y - H(x))) \\
&= (L_p^T(y - H(x)))^T L_s^T (L_s L_p^T R L_p L_s^T)^{-1} L_s (L_p^T(y - H(x))) \\
&= (L_p^T(y - H(x)))^T L_s^T L_s^{-T} (L_p^T R L_p)^{-1} L_s^{-1} L_s (L_p^T(y - H(x)))
\end{aligned} \tag{7.23}$$

省略中间的乘积为 I 的对偶项,表示为:

$$\begin{aligned}
\tilde{J}_o &= (L_p^T(y - H(x)))^T (L_p^T R L_p)^{-1} (L_p^T(y - H(x))) \\
&= J_{o\_pc}
\end{aligned} \tag{7.24}$$

从推导中可以看出,在这些前提条件下,重构辐射率完全有可能获得 PC 分量中完整的信息内容,并且当 L_s 可逆时,采用这种方法能够从 p 个重构辐射率中获得完整的 IASI 光谱信息。这样四维变分同化重构辐射率可以构建如图 7.13 所示,观测的光谱首先经过云检测和质量控制,然后投影到 PC 空间获得少量的 PC 分量,再由 PC 分量重构回观测的重构通道辐射率,背景场廓线直接通过 PC 辐射传输模式模拟出重构辐射率。这两种重构辐射率通过模式切线性和伴随计算后,极小化迭代求解最优重构辐射率。

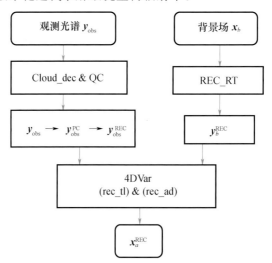

图 7.13　最优同化 IASI 重构辐射率框架

7.3.4　次优 H-R 重构辐射率同化原理

当同化重构辐射率的同化系统中使用原始辐射率的正演模式将大气背景场廓线模拟成观测等价的辐射率时,这种框架称之为次优—观测算子(即次优-H)的重构辐射率同化框架。这里对这种框架做详细描述,并分析在这种框架下同化重构辐射率时的误差特征。通过使用矩阵 $\tilde{H}(x) = S L_p L_p^T H(x)$ 获得正向模拟的重构辐射率,首先需要正向模拟完整的原始辐射率来

计算挑选的重构辐射率,这种方式效率非常低。目前存在多种基于 PC 的正演模式用于光谱辐射率反演为大气廓线的相关研究工作,并不适合用于模拟重构辐射率。可以通过 PC 正演模式或者矩阵转换获得的 PC 分量来模拟重构辐射率。这样比模拟完整的辐射率光谱要更有效。现有数值中心的同化系统中一般都是使用传统的辐射传输模式模拟原始辐射率进行同化。Saunders 等(2017)重构辐射率同化试验中同化正向模拟的重构辐射率方法与同化原始辐射方法相同。

如果同化由观测计算的重构辐射率时,采用正向模拟的原始辐射率与观测计算的重构辐射率计算观测增量,那么这种同化重构辐射率方式相对最优化方式同化重构辐射率则包含额外的误差项 $\boldsymbol{\Phi}$。当然在最优化方式同化重构辐射率时,直接模拟重构辐射率也有可能存在更大的误差项。下面分析在次优同化重构辐射率的框架下会额外引入的误差。式(7.16)为最优化同化重构辐射率框架包含的观测增量。首先假设对完整光谱进行重构,但是做如此假设在实际中可能会使仪器误差项变得不可逆。这里先定义次优 $\boldsymbol{H}$ 框架中的重构辐射率观测增量和观测误差协方差:

$$\delta\tilde{\boldsymbol{y}}'=(\tilde{\boldsymbol{y}}-\tilde{\boldsymbol{y}}_t)-(\boldsymbol{H}(\boldsymbol{x})-\tilde{\boldsymbol{y}}_t) \tag{7.25}$$
$$=\boldsymbol{L}_p\boldsymbol{L}_p^{\mathrm{T}}(\boldsymbol{y}-\boldsymbol{y}_t)-(\boldsymbol{H}(\boldsymbol{x})-\boldsymbol{L}_p\boldsymbol{L}_p^{\mathrm{T}}\boldsymbol{y}_t)$$
$$\tilde{\boldsymbol{R}}'=\boldsymbol{L}_s\boldsymbol{L}_p^{\mathrm{T}}\boldsymbol{E}\boldsymbol{L}_p\boldsymbol{L}_s^{\mathrm{T}}+\boldsymbol{F}' \tag{7.26}$$

假设 $\boldsymbol{\varepsilon}_{fm}$ 为正演模式误差,则模拟的原始辐射率可以表示为

$$\boldsymbol{H}(\boldsymbol{x})=\boldsymbol{y}_t+\boldsymbol{\varepsilon}_{fm} \tag{7.27}$$

将式(7.27)代入式(7.25)中右边的项,得到正演模式辐射率与真实重构辐射率之间的偏差:

$$\delta\tilde{\boldsymbol{y}}'_{fm}=\boldsymbol{H}(\boldsymbol{x})-\boldsymbol{L}_p\boldsymbol{L}_p^{\mathrm{T}}\boldsymbol{y}_t$$
$$=\boldsymbol{y}_t+\boldsymbol{\varepsilon}_{fm}-\boldsymbol{L}_p\boldsymbol{L}_p^{\mathrm{T}}\boldsymbol{y}_t \tag{7.28}$$
$$=(\boldsymbol{I}-\boldsymbol{L}_p\boldsymbol{L}_p^{\mathrm{T}})\boldsymbol{y}_t+\boldsymbol{\varepsilon}_{fm}$$

使用符号 $<\cdots>$ 表示期望值,那么重构辐射率的正演模式误差期望为:

$$\boldsymbol{F}'=<\delta\tilde{\boldsymbol{y}}_{fm}\delta\tilde{\boldsymbol{y}}'^{\mathrm{T}}_{fm}>$$
$$=(\boldsymbol{I}-\boldsymbol{L}_p\boldsymbol{L}_p^{\mathrm{T}})<\boldsymbol{y}_t\boldsymbol{y}_t^{\mathrm{T}}>(\boldsymbol{I}-\boldsymbol{L}_p\boldsymbol{L}_p^{\mathrm{T}})^{\mathrm{T}}+\boldsymbol{F}$$
$$=(\boldsymbol{I}-\boldsymbol{L}_p\boldsymbol{L}_p^{\mathrm{T}})<\boldsymbol{y}_t\boldsymbol{y}_t^{\mathrm{T}}>(\boldsymbol{I}-\boldsymbol{L}_p\boldsymbol{L}_p^{\mathrm{T}})+\boldsymbol{F} \tag{7.29}$$
$$=\boldsymbol{\Phi}+\boldsymbol{F}$$

当重构辐射率准确表示真实辐射率光谱时,总的误差将会增加,那么这样真实辐射率不能用 $\tilde{\boldsymbol{y}}_t$ 表示,而应该用 $\boldsymbol{y}_t$ 表示。关于这一点将在 7.5 节描述。当同化系统中使用不准确的正演模式时,需要衡量观测误差整体上可能增加的误差量。忽略这部分误差则为次优观测算子 $\boldsymbol{H}$ 的观测误差 $\boldsymbol{R}$ 的重构辐射率框架,如图 7.14 所示。

使用原始辐射率的正演模式相比使用准确的重构辐射率正演模式,观测误差协方差增加的误差量为:

$$\Delta\tilde{\boldsymbol{R}}=\tilde{\boldsymbol{R}}'-\tilde{\boldsymbol{R}}$$
$$=(\boldsymbol{L}_p\boldsymbol{L}_p^{\mathrm{T}}\boldsymbol{E}\boldsymbol{L}_p\boldsymbol{L}_P^{\mathrm{T}}+\boldsymbol{F}+\boldsymbol{\Phi})-(\boldsymbol{L}_p\boldsymbol{L}_p^{\mathrm{T}}\boldsymbol{E}\boldsymbol{L}_p\boldsymbol{L}_P^{\mathrm{T}}+\boldsymbol{L}_p\boldsymbol{L}_p^{\mathrm{T}}\boldsymbol{F}\boldsymbol{L}_p\boldsymbol{L}_P^{\mathrm{T}}) \tag{7.30}$$
$$=\boldsymbol{F}+\boldsymbol{\Phi}-\boldsymbol{L}_p\boldsymbol{L}_p^{\mathrm{T}}\boldsymbol{F}\boldsymbol{L}_p\boldsymbol{L}_P^{\mathrm{T}}$$
$$=\boldsymbol{\Phi}+\Delta\boldsymbol{F}$$

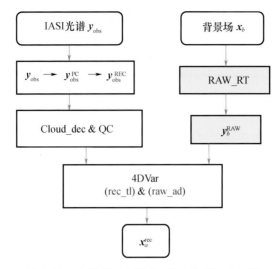

图 7.14　次优 H-R 同化 IASI 重构辐射率框架

从式(7.30)可以得知,最优 $\mathbf{H}$ 和次优 $\mathbf{H}$ 同化重构辐射率引起观测误差增加主要来源于两个方面:

① 对于准确的重构辐射率正演模式条件下即最优 $\mathbf{H}$ 同化框架中,$\boldsymbol{L}_p$ 将会对误差项 $\boldsymbol{F}$ 进行滤波(如式(7.26)所示),能够有效去除重构辐射率空间的正演模式误差。如果使用对重构辐射率而言不准确的正演模式即次优 $\mathbf{H}$,则不会产生这种滤波的效果。

② 误差项中应该加入 $\boldsymbol{\Phi}$ 一项,表示使用正演模式没有正确模拟重构辐射率的因素。

$\boldsymbol{L}_P^{\mathrm{T}}$ 中人为截取高阶 PC 向量的过程产生 $\boldsymbol{\Phi}$,舍弃低阶向量的过程中同样舍弃了小部分的大气信号。对于舍弃的主成分分量,噪声过大,无法将信号准确地与噪声分离,同样也无法准确用足够小的误差来表示辐射率空间的这部分特征值。从物理意义分析,这些方向的观测将无法引入新的信息,反而同化中加入这些方向的观测可能给分析值引入噪声而非有效信息。

可以证明,$\Delta\tilde{\boldsymbol{R}}$ 与 $\tilde{\boldsymbol{R}}$ 是正交的。基于 $\boldsymbol{L}_P\boldsymbol{L}_p^{\mathrm{T}}$ 矩阵是幂等的事实,即连续乘 $\boldsymbol{L}_P\boldsymbol{L}_p^{\mathrm{T}}$ 将不会改变结果。$\boldsymbol{L}_P\boldsymbol{L}_p^{\mathrm{T}}$ 为 $\tilde{\boldsymbol{R}}$ 的特征向量矩阵,对 $\Delta\tilde{\boldsymbol{R}}$ 分别左乘和右乘一个 $\boldsymbol{L}_P\boldsymbol{L}_p^{\mathrm{T}}$ 为 0,即可证明 $\Delta\tilde{\boldsymbol{R}}$ 与 $\tilde{\boldsymbol{R}}$ 是正交的,证明过程如下:

① 用 $\boldsymbol{Y}$ 代替 $<\boldsymbol{y}_t\boldsymbol{y}_t^{\mathrm{T}}>$;

② 且 $\boldsymbol{\Phi}=(\boldsymbol{I}-\boldsymbol{L}_p\boldsymbol{L}_p^{\mathrm{T}})<\boldsymbol{y}_t\boldsymbol{y}_t^{\mathrm{T}}>(\boldsymbol{I}-\boldsymbol{L}_p\boldsymbol{L}_p^{\mathrm{T}})$,那么:

$$
\begin{aligned}
\boldsymbol{L}_P\boldsymbol{L}_p^{\mathrm{T}}\Delta\tilde{\boldsymbol{R}}\boldsymbol{L}_p\boldsymbol{L}_p^{\mathrm{T}} &= \boldsymbol{L}_P\boldsymbol{L}_p^{\mathrm{T}}(\boldsymbol{\Phi}+\boldsymbol{F}-\boldsymbol{L}_p\boldsymbol{L}_p^{\mathrm{T}}\boldsymbol{F}\boldsymbol{L}_p\boldsymbol{L}_p^{\mathrm{T}})\boldsymbol{L}_p\boldsymbol{L}_P^{\mathrm{T}} \\
&= \boldsymbol{L}_P\boldsymbol{L}_p^{\mathrm{T}}(\boldsymbol{I}-\boldsymbol{L}_p\boldsymbol{L}_p^{\mathrm{T}})\boldsymbol{Y}(\boldsymbol{I}-\boldsymbol{L}_p\boldsymbol{L}_p^{\mathrm{T}})\boldsymbol{L}_p\boldsymbol{L}_P^{\mathrm{T}} - \\
&\quad \boldsymbol{L}_P\boldsymbol{L}_p^{\mathrm{T}}(\boldsymbol{F}-\boldsymbol{L}_p\boldsymbol{L}_p^{\mathrm{T}}\boldsymbol{F}\boldsymbol{L}_p\boldsymbol{L}_p^{\mathrm{T}})\boldsymbol{L}_p\boldsymbol{L}_P^{\mathrm{T}} \\
&= (\boldsymbol{L}_P\boldsymbol{L}_p^{\mathrm{T}}-\boldsymbol{L}_P\boldsymbol{L}_p^{\mathrm{T}}\boldsymbol{L}_p\boldsymbol{L}_p^{\mathrm{T}})\boldsymbol{Y}(\boldsymbol{L}_p\boldsymbol{L}_p^{\mathrm{T}}-\boldsymbol{L}_p\boldsymbol{L}_p^{\mathrm{T}}\boldsymbol{L}_p\boldsymbol{L}_P^{\mathrm{T}}) + \\
&\quad (\boldsymbol{L}_P\boldsymbol{L}_p^{\mathrm{T}}\boldsymbol{F}\boldsymbol{L}_p\boldsymbol{L}_P^{\mathrm{T}}-\boldsymbol{L}_P\boldsymbol{L}_p^{\mathrm{T}}\boldsymbol{L}_p\boldsymbol{L}_p^{\mathrm{T}}\boldsymbol{F}\boldsymbol{L}_p\boldsymbol{L}_p^{\mathrm{T}}\boldsymbol{L}_p\boldsymbol{L}_p^{\mathrm{T}}) \\
&= (\boldsymbol{L}_P\boldsymbol{L}_p^{\mathrm{T}}-\boldsymbol{L}_P\boldsymbol{L}_p^{\mathrm{T}})\boldsymbol{Y}(\boldsymbol{L}_p\boldsymbol{L}_p^{\mathrm{T}}-\boldsymbol{L}_p\boldsymbol{L}_p^{\mathrm{T}}) + \\
&\quad (\boldsymbol{L}_P\boldsymbol{L}_p^{\mathrm{T}}\boldsymbol{F}\boldsymbol{L}_p\boldsymbol{L}_P^{\mathrm{T}}-\boldsymbol{L}_P\boldsymbol{L}_p^{\mathrm{T}}\boldsymbol{F}\boldsymbol{L}_p\boldsymbol{L}_P^{\mathrm{T}}) \\
&= 0+0 \\
&= 0
\end{aligned}
\tag{7.31}
$$

证明过程可以这样理解：被剔除的低阶主成分向量可以导致 $\Delta\tilde{R}$ 增加，从定义上可知，这些分量正交于保留的分量。这意味着在一个不可以观测的方向存在观测增量，仅仅是因为正演模式在该方向是非 0 而存在观测增量。实际上该方向并没有观测，不会包含任何信息。本质上这些观测增量给同化解仅能增加噪声，$\Delta\tilde{R}$ 定义了这个噪声的统计情况。

评估 $\boldsymbol{\Phi}$ 的大小可以推断出 PC 截断过程中丢弃的大气信号量。此部分大气信号量若不能由正演模式模拟，该误差则可能是 $\Delta\boldsymbol{F}$ 的一部分。如果保留所有的 PC 分量，则没有信号丢弃，$\boldsymbol{\Phi}$ 将为 0，但是信息变化最小方向将可以观测到噪声。如果定义了一个较差的 PC 集，则 $\boldsymbol{\Phi}$ 将很大，大部分信号被舍弃，但是在观测的方向将具有较低的噪声。在一个构建得非常好的 PC 集中，保留了相当大部分置信区间的大气信号，这将产生一个较小的 $\boldsymbol{\Phi}$。

$\Delta\tilde{R}$ 是一个理论结构，包含多种误差源，其中部分误差源是未知的。$\boldsymbol{\Phi}$ 和 $\Delta\boldsymbol{F}$ 属于总的观测误差协方差的一部分，没有必要对其做精确评估。在模拟试验中，通常应用精确的原始辐射率的误差项，忽略 $\Delta\tilde{R}$ 将低估观测误差，这种系统命名为次优 H-R 系统。$\Delta\tilde{R}$ 可能对于通道选择很重要，忽略部分项将增加误差，这些项与保留的大气信号正交。这些额外的误差（即增加的误差）同样与仪器噪声协方差矩阵 $L_P L_p^{\mathrm{T}} E L_p L_P^{\mathrm{T}}$ 正交，将增加 $\tilde{R}$ 矩阵的秩。但是，这将实现重构的通道数目大于 PC 分量数，因为尽管 $\tilde{y}$ 的超过 p 个通道的额外通道仅仅是前 p 个通道的线性组合，而包含正演模式的 $\delta\tilde{y}'$ 并不是线性组合。确定重构通道数目时需要对该观测误差协方差矩阵的秩进行诊断。

7.3.5 将重构辐射率接入 WRFDA 中的接口设置

将重构的辐射率接入到 WRFDA 同化系统中是一个较为复杂的工程问题，下面简要介绍一下本研究如何设置重构辐射率的相关接口。

（1）将全球所有 IASI 观测点进行编号并输出

关键程序：read_obs_bufriasi. f90

与之前使用的 EUMETSAT 发布的 nc 格式的 IASI level-1c 级的产品有所不同，真正 WRFDA 中使用的数据是 NCEP 发布的 leve-1c 级 bufr 格式的数据。而且读取的是 bufr 文件中整个全球扫描点的数据。首先我们人为对全球每一个扫描点都给定一个标号：count_line 代码如图 7.15 所示。

然后将该视场点的编号和对应的经纬度输出出来，如图 7.16。

```
182 !add by luo
183 count_line=0
184 open(unit=1302,file='count_lon_lat.dat',status='unknown',form='formatted')
185
186 ! Big loop to read data file
187
188   do while(ireadmg(lnbufr,subset,idate)>=0)
189
190     read_loop: do while (ireadsb(lnbufr)==0)
191       num_iasi_file = num_iasi_file + 1
192
193 !   Read IASI FOV information
194       call ufbint(lnbufr,linele,5,1,iret,'FOVN SLNM QGFQ MJFC SELV')
195
196 !add by luo
197 count_line = count_line+1
```

图 7.15 输出每一个点的标号

```
198 call ufbint(lnbufr,allspot,14,1,iret,allspotlist)
199 write(1302,"(2X,I10,2X,2F13.5)") count_line,allspot(8),allspot(9)
```

图 7.16　输出视场点经纬度

然后运行一次该程序,将得到的全球所有 IASI 扫描点对应的编号和经纬度,保存在单独的输出文件中。

(2)匹配目标区域的扫描点

将目标区域中的扫描点,逐个遍历一次。对于遍历过程中的每一个扫描点,遍历全球中所有的点并计算经纬度之差,若经纬度同时差距小于 0.001°,则视为匹配成功。将匹配成功的扫描点编号记录并保存,然后输出到 WRFDA 试验目录中 input 文件夹中。

算法通过实现如图 7.17 所示。

```
%================================match================================

[num_all,a]=size(all_lat);
[a,rec_num]=size(rec_lat);
index_rec=[];
index_all=[];
n=1;
for i=1:rec_num
 for j=1:num_all
  if (abs(rec_lat(i)-all_lat(j))<=0.001 & abs(rec_lon(i)-all_lon(j))<=0.001 )
   index_rec(n)=i;
   index_all(n)=j;
   n=n+1;
   break
  end
 end
end
%提取出总数索引值对应的重构辐射率
rec_last_result=[];
rec_last_result=rec_result(index_rec,:);
```

图 7.17　匹配目标区的扫描点算法

(3)在 WRFDA 中,将重构的辐射率替换原始的辐射率

关键程序:da_read_obs_bufriasi.F90

在 WRFDA 中将上一步的结果读取出来,读取的数据有:重构的观测点的数目(num_rec.dat)、每个观测点对应的编号(rec_index.dat)、每个编号对应的重构辐射率(rec_data.dat)。

将每一个视场的每一个通道的原始辐射率替换为重构辐射率:nn 控制的是视场的循环,i 是通道的循环:radi=ec_small(i,nn)。

7.4　重构辐射率同化试验

7.4.1　重构辐射率基础同化试验设置

首先生成重构辐射率,2015 年 5 月 9 日 01:13(UTC)ECMWF 发布一帧即 58 根扫描线

的 6960 个原始观测视场数据。这个时间,Metop-A 卫星正好过境东南亚区域,能准确探测台风"红霞"的大气结构信息,这与第 6 章描述的台风个例一致。经过基础数据检测后,剔除错误的 23 个观测视场,保留了 6937 个正确的观测视场。对这些正确的观测视场,每个视场全部 8461 个通道一一转换为 100 个 PC 后重构出 167 个通道辐射率。重构的通道号码与 WRFDA 中同化的通道号相对应。

设置一组试验 RAW 和 REC,分别同化 IASI 原始辐射率和重构辐射率,对比这两种辐射率的同化效果。采用 WRF 3DVar 同化系统,同化时刻为 2015 年 5 月 9 日 00 时(UTC),6 h 同化时间窗。同化区域范围、格点数、大气顶以及垂直层数与第 2 章 IASI 云检测同化试验区域范围相同。模式的物理参数化方案等设置同样与第 2 章的 IASI 模式预报设置相同。

7.4.2 重构辐射率同化试验结果对比

对 IASI 原始和重构观测视场进行对比,以 323 号通道为例,该通道的权重函数峰值位于 506 hPa。图 7.18a 为原始 IASI 观测亮温图,图 7.18b 为重构观测视场亮温图。由于数据太大,仅从多帧观测数据中挑选出的一帧观测。重构的观测亮温视场和原始观测亮温视场基本是一致的,都观测到了清晰的台风涡旋结构。但是相比原始观测,重构辐射率的轮廓稍微有点朦胧,没有那么分明。分析原因可能是因为在 PC 截取过程中,将低阶特征值对应的 PC 舍弃,这样舍弃了一些噪声信号,同时也舍弃了涡旋结构的一些棱角分明代表的结构信息。

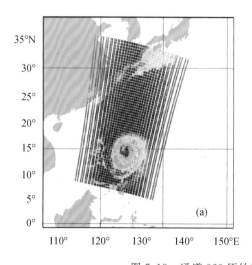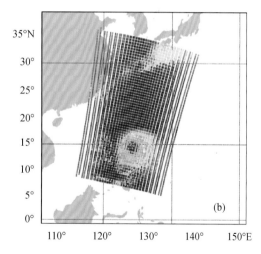

图 7.18　通道 323 原始辐射率(a)与重构辐射率(b)

对两种观测不做任何质量控制以及偏差订正,以第 176 号通道为例,权重函数峰值位于 37 hPa,直接考察观测减去背景形成的观测增量。如图 7.19 所示观测增量统计图,图 7.19a 为原始辐射率,图 7.19b 为重构辐射率。重构的观测增量结构相比原始的观测增量,具有显著的高斯分布特征。这种情况非常普遍,基本上所有通道都是重构的观测增量高斯分布特征更明显。

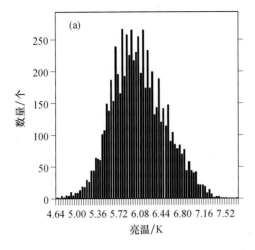 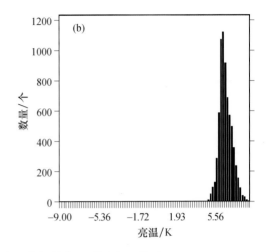

图 7.19　通道 176 原始辐射率(a)与重构辐射率(b)偏差订正前对比

　　图 7.20 显示了同化时对原始辐射率和重构辐射率进行偏差订正和质量控制的情况。以通道 306 为例,权重函数峰值位于 351 hPa,对比偏差订正对原始辐射率和重构辐射率对的订正效果。图 7.20a 和图 7.20b 分别为原始辐射率偏差订正前后的散点图,图 7.20c 和图 7.20d 为重构辐射率偏差订正前后的散点图。从图中可以看出整体上变分偏差订正对于原始和重构观测辐射率都能进行很好地订正。而且大部分重构辐射率通道订正前,偏差就小。

　　分析个别的极端通道偏差订正对 IASI 原始辐射率和重构辐射率的订正效果,以通道 303 为例,峰值高度 27 hPa。图 7.21 显示了该通道原始辐射率和重构辐射率偏差订正前后散点图。图 7.21a 和图 7.21b 为原始辐射率订正前后的散点图,图 7.21c 和图 7.21d 为重构辐射率订正前后的散点图。从图中可以看出,即使对于极端的通道,偏差订正仍然能对原始辐射率和重构辐射率产生良好的订正效果。整体上来讲,偏差订正对于 IASI 原始观测辐射率和重构观测辐射率的订正效果都非常好。

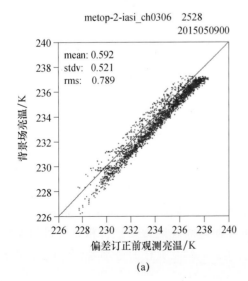 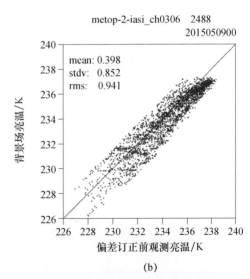

(a)　　　　　　　　　　　　　(b)

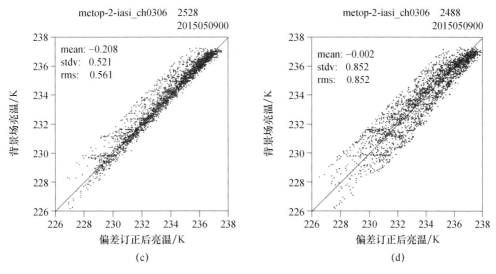

图 7.20 通道 306 原始辐射率和重构辐射率偏差订正前后散点图

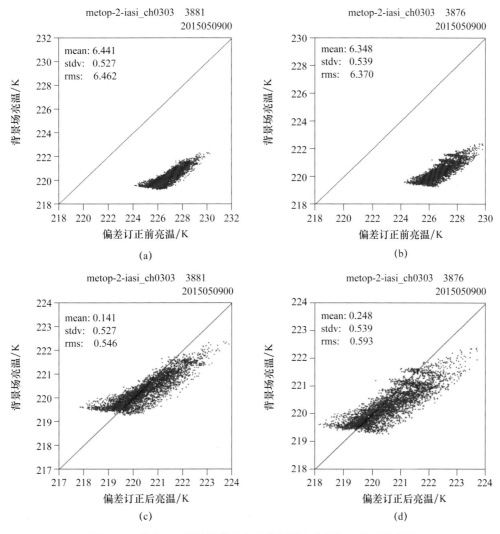

图 7.21 通道 303 原始辐射率和重构辐射率偏差订正前后散点图

　　通道 303 权重函数较高,主要探测大气顶层的信息。通常对于高层通道,尤其权重函数峰值位置高于模式顶层 50 hPa 的通道,辐射传输模式模拟值都偏低。如图 7.22 所示,图 7.22a 为原始观测的辐射率,图 7.22b 为重构观测的辐射率,图 7.22c 为同化原始辐射率试验中模拟的原始辐射率,图 7.22d 为同化重构辐射率时模拟的辐射率。图中色标卡有所不同,但是可以明显看出模拟的辐射率都比原始或者重构的观测辐射率都偏低 5 K 左右。其实 RTTOV 辐射传输模式的顶层高度已经达到了 0.0005 hPa,能够准确模拟高层通道。只是输入辐射传输模式的背景场廓线数据来至 WRF 预报模式。如果试验时设置的预报模式顶为 50 hPa,那么模式不能准确输出高于这个高度的廓线信息。因此辐射传输模式也难以准确模拟高层通道的信息,观测减去背景场信息的增量就会存在较大的偏差。由此可以看出这些高层通道的偏差主要来自预报模式。这也反映了有必要改进预报模式对顶层的模拟,从而能改善同化效果。

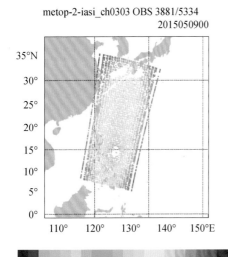

(a)

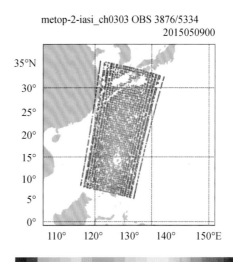

(b)

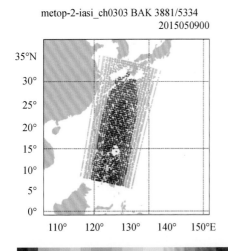

(c)

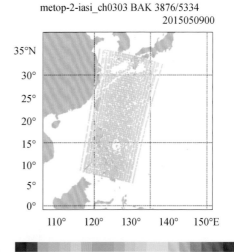

(d)

图 7.22　通道 303 原始辐射率和重构辐射率的观测值与模拟值对比

7.4.3　重构辐射率同化要素场对比

对于同化原始观测辐射率和重构辐射率试验,分析其相对湿度场的差异,以 850 hPa 的水汽场为例,图 7.23a 为同化原始辐射率的相对湿度,图 7.23b 为同化重构辐射率的相对湿度。红色圆圈表明两个相对湿度分析场的差异。从图中可以看出在台风中心位置同化重构辐射率的相对湿度分析场更强。

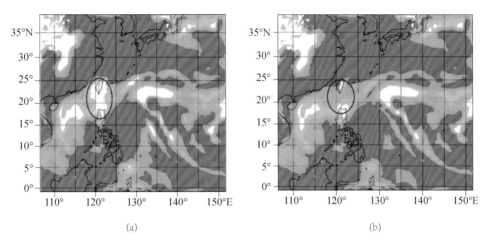

图 7.23　850 hPa 原始辐射率(a)和重构辐射率(b)水汽信号对比

对比同化 IASI 原始辐射率和重构辐射率试验不同气压高度的分析场概要图。以 850 hPa 高度为例,图 7.24a 为原始辐射率的分析场概要图,图 7.24b 为重构辐射率的分析场概要图。从图中可以看出,850 hPa 高度,原始辐射率分析场中台风中心位置的黄色高温区域范围较大,在整个同化区域的左侧还有大块橙色高温区域。同化重构辐射率分析场台风中心位置的浅绿区域范围较大,明显整个同化区域的温度要略低于同化原始辐射率的分析场。但是,气压

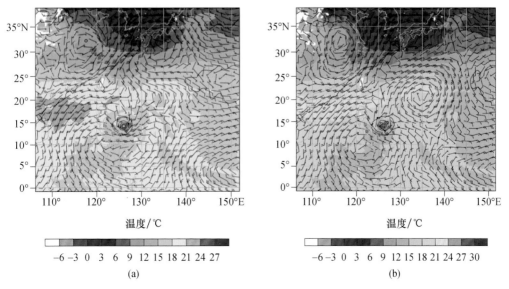

图 7.24　850hPa 原始辐射率(a)和重构辐射率(b)同化分析场概要

梯度和风速的结果却相反,相比同化原始辐射率的分析场,台风中心重构辐射率的气压梯度线更密集,风速更大。高压和强风促进台风往更强的趋势发展。这些结果与第 2 章描述的真实台风发展趋势一致。这也说明重构辐射率保留了较好地反映台风动力的气压和风速结构信息,只是反映热力结构的温度信息似乎并不十分准确。

7.4.4 IASI 重构辐射亮温在 WRFDA 中降噪效果及评估

7.4.4.1 天气过程介绍

2016 年 10 月 15 日上午,第 22 号超强台风"海马"在西北太平洋洋面上生成,北京时间 08 时,其中心位于关岛偏南方向约 590 km 的洋面上,位置为(143.9°E,8.2°N),之后一直不断发展和加强。

如图 7.25 所示,台风"海马"21 日在广东省登陆,广东多地受到了不同程度的灾害。据广东气象台介绍,台风"海马"是现今登陆广东的最强台风,其最大风力强、移动速度快、波及范围广,让广东省承受了巨大的损失。据不完全统计,台风海马共造成 327 间房屋完全倒塌,2749 间房屋严重受损,相关经济农作物受灾 17.8 万 hm^2。

图 7.25 台风"海马"登陆广东时卫星云图

7.4.4.2 试验设计

引入了短波波段上 5 个噪声特别大的温度探测通道(ch6366、ch6489、ch6962、ch6970、ch7021)进行辅助试验。在正常情况下,这 5 个通道读入到 WRFDA 系统后是不会使用的(由于噪声特别大的原因),但是在本试验中我们打开了这 5 个通道的使用开关,作为试验组(代号:167raw+5raw)。随后,使用全波段 PC 系数,选取了 50 个分量对 8461 个通道进行压缩和重构,挑选出对应这 5 个通道的重构辐射亮温后也引入到同化系统中,作为对照组(代号:167raw+5rec)。随后将试验组和对照组的同化结果进行对比分析,具体试验设计见表 7.2。

表 7.2　验证重构辐射亮温在 WRFDA 中降噪效果的试验设计

试验代号	使用原始通道数	是否使用新通道	使用新通道的种类
cntl	无	否	无
167raw	167	否	无
167raw+5raw	167	是	5 个原始通道
167raw+5rec	167	是	5 个重构通道

　　PCA 方法的本质的特点是"压缩"和"降噪"。这一节探究在 WRFDA 中,PCA 方法"降噪"方面的效果。基本思路是:首先同化常用的 IASI 167 个通道的原始辐射亮温,其分析场作为参考标准(记为"167raw");其次特意引入 5 个噪声很大的通道的原始辐射亮温进行同化,其对应的分析场作为试验组(记为"167raw+5raw");然后使用全波段 PC 系数对全光谱资料进行压缩和重构,从中挑选出 5 个对应通道的重构辐射率,并将降噪后的 5 个通道引入同化系统作为对照组(记为"167raw+5rec");最后将不同化的背景场作为控制试验(记为"cntl")。然后,进行同化和预报试验,并分析相关的结果。

7.4.4.3　噪声通道的选取

　　如图 7.26 所示,选取 5 个噪声较大的温度探测通道(ch6366、ch6489、ch6962、ch6970、ch7021)作为试验对象。在通常情况下,这 5 个通道的数据虽然正常读入到了 WRFDA 中,但是由于本身噪声过大的原因并没有真正使用过。本试验为了验证 PCA 方法的降噪效果,有意将这 5 个高噪声通道引入并进行相关的同化和预报试验。

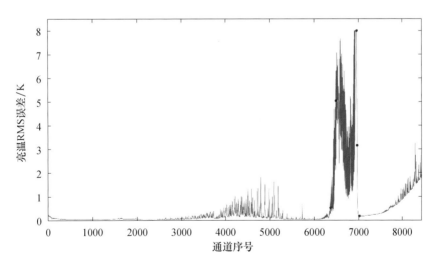

图 7.26　选取 5 个噪声较大的温度探测通道示意

7.4.4.4　同化效果评估

　　将 500 hPa、700 hPa 和 850 hPa 的分析场减去当作"真实"的 FNL 资料,就得到了分析场误差,结果如图 7.27～7.32 所示。

　　整体来看,几乎在绝大部分情况下直接引入较大噪声的通道(图 5.18b～5.23b),会对相对湿度场和温度场带来不良的负效果。这是由于通道的噪声过大,会导致数据变得极不稳定,将这种不稳定的数据引入到同化系统中会破坏分析场,导致同化效果不理想。但是在将这5个通道进行重构降噪处理之后,其同化效果几乎能和使用167个原始通道的同化效果相似。特别地,在700 hPa的温度场上,在台风的西侧和北侧,使用重构辐射亮温的同化效果优于使用原始辐射亮温值的效果。这可能是由于PCA算法滤除了5个新通道的噪声部分,引入了其中5个通道里有价值的信息,有效地改善了分析场。

综上所述,从同化效果的角度来看,PCA方法确实能在WRFDA中起到降噪效果。在某些高度上,使用降噪后的通道信息还可比使用原始通道信息更有效地改进分析场。

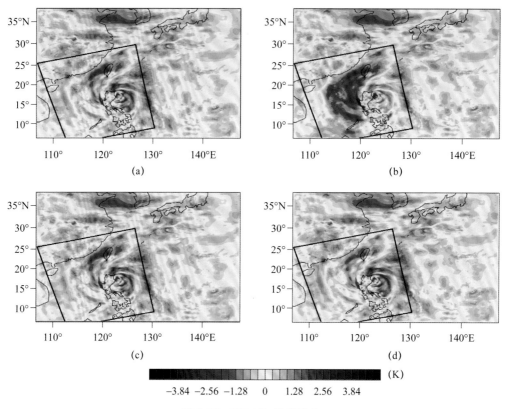

图 7.27　500 hPa 温度误差

(a)167 个原始通道;(b)167 个原始通道+5 个噪声原始通道;

(c)167 个原始通道+5 个噪声重构通道;(d)控制试验

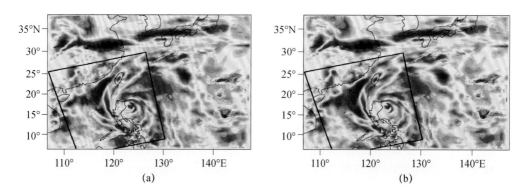

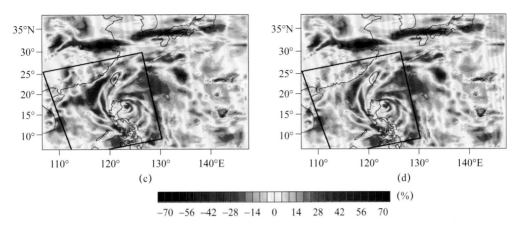

图 7.28　500 hPa 相对湿度误差

(a)167 个原始通道;(b)167 个原始通道＋5 个噪声原始通道;

(c)167 个原始通道＋5 个噪声重构通道;(d)控制试验

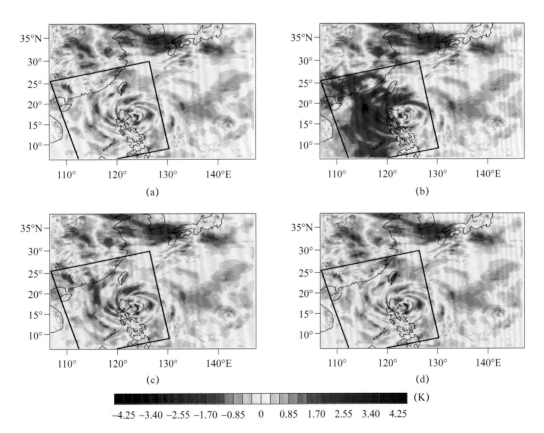

图 7.29　700 hPa 温度误差

(a)167 个原始通道;(b)167 个原始通道＋5 个噪声原始通道;

(c)167 个原始通道＋5 个噪声重构通道;(d)控制试验

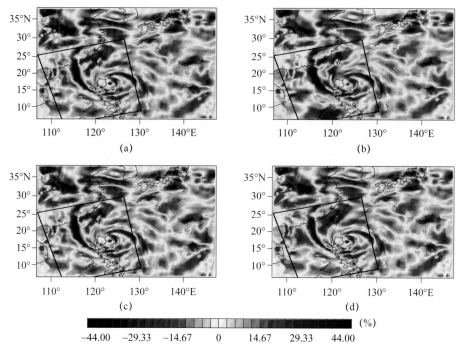

图 7.30 700 hPa 相对湿度误差

(a)167 个原始通道;(b)167 个原始通道+5 个噪声原始通道;

(c)167 个原始通道+5 个噪声重构通道;(d)控制试验

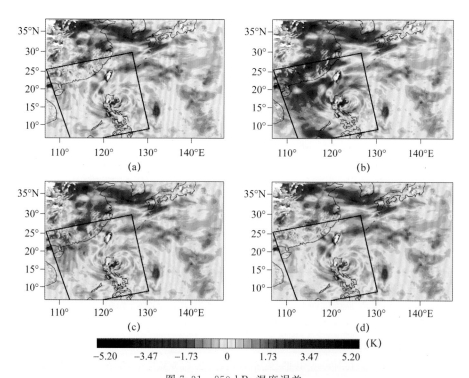

图 7.31 850 hPa 温度误差

(a)167 个原始通道;(b)167 个原始通道+5 个噪声原始通道;

(c)167 个原始通道+5 个噪声重构通道;(d)控制试验

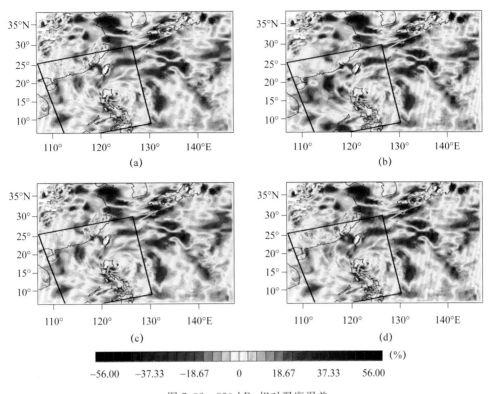

图 7.32　850 hPa 相对湿度误差

(a)167 个原始通道；(b)167 个原始通道＋5 个噪声原始通道；

(c)167 个原始通道＋5 个噪声重构通道；(d)控制试验

7.4.4.5　预报效果评估

将以上同化得到的分析场带入 WRF 模式预报 48 h，评价其对应方法的预报效果。

(1)台风预报路径分析

台风"海马"预报路径如图 7.33 所示。我们可以发现，167raw＋5raw 方案的预报路径(4号红色)，甚至比控制试验的路径还差(2 号绿色)。这说明，引入的 5 个高噪声的通道，完全破坏了整个分析场，使得路径预报效果很差。但是，167raw 方案(3 号黄色)和 167raw＋5rec 方案(5 号紫色)的预报路径比控制试验好，而且 167raw＋5rec 在某些时刻的预报路径优于167raw 方案。这说明，由于 PCA 算法滤除了 5 个新通道的噪声部分，引入了其中 5 个通道里有价值的信息，在一定程度上改善了预报路径。为了更清晰地看出预报路径之间的差异，我们还统计了路径误差，结果如图 7.34 所示。

(2)台风预报强度分析

本节统计的是最低中心气压和最大风速来刻画台风的强度，结果如图 7.35 所示。图7.35a 表示中心气压的 48 h 预报误差，可以发现，168raw＋5raw 方案在预报了 12 h 后误差逐渐变大，甚至效果还不如控制试验。而 168raw 方案和 168raw＋5rec 方案则不然，两种方案中心气压的预报强度误差始终小于控制试验。图 7.35b 表示最大风速误差，试验表明 168raw＋5raw 方案、168raw 方案、168raw＋5rec 方案的预报误差相近。

综上所述，我们从台风预报效果的角度说明了 PCA 方法能在 WRFDA 中有降噪效果。

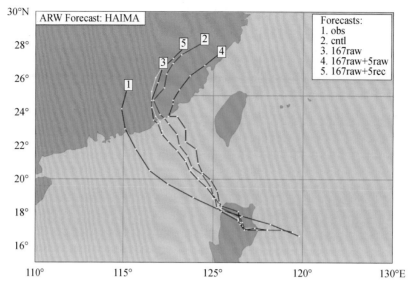

图 7.33　台风"海马"预报路径分析

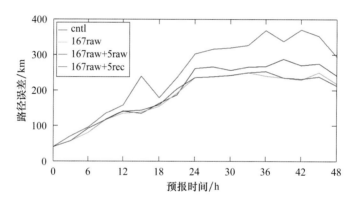

图 7.34　台风"海马"预报路径误差示意

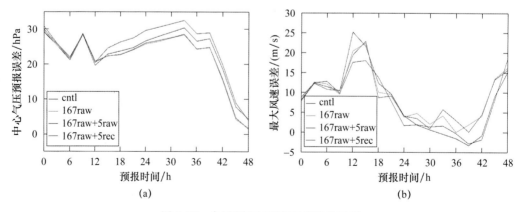

图 7.35　台风"海马"预报强度误差示意

7.4.4.6　试验总结

PCA 方法的本质特征有两点:"压缩"和"降噪"。本节紧紧围绕这两个特征,探究了在

WRFDA 中 PCA 方法是否仍然能够"压缩"和"降噪"。

在 PCA"压缩"性方面,本章分别从压缩比率、重构辐射率的图像、典型通道的重构统计、典型通道的重构误差、同化效果、预报效果,一共六个方面论证了 PCA 方法的高压缩比率和重构辐射亮温的可用性。今后,我们可以尝试将 PCA 技术引入到卫星 FY-4 上红外高光谱仪器 GIIRS 上,从而降低卫星上数据的存储和传输开销。

在 PCA"降噪"性方面,本章引入了 5 个噪声特别大的通道进行辅助试验。在同化试验中直接使用 5 个原始高噪声的辐射亮温和 5 个降噪后的重构亮温,分别研究其对应的分析场和预报场。试验结果表明:几乎在绝大部分情况下,直接引入较大噪声的通道会对分析场和预报场带来负效果。但是在将这 5 个通道进行重构降噪处理之后,其同化效果能和使用 167 个原始通道的同化效果相当。甚至在某些情况下,由于引入了新数据,分析场和预报场的效果还要优于使用 167 个原始通道的效果。由于 PCA 方法"降噪"方面的优越性,让我们今后使用高噪声通道数据成为可能。

7.5 重构误差源分析

采用原始辐射率的正演模式而非专门的重构辐射率正演模式时,会产生额外的误差 $\boldsymbol{\Phi}_{\mathrm{rec}}$。真实光谱状态假设为 $\boldsymbol{y}_t$ 而不是 7.3.3 节中式(7.22)中假设的真实重构辐射率 $\tilde{\boldsymbol{y}}_t$。这里为了区别,将重构误差标记为 $\boldsymbol{\Phi}_{\mathrm{rec}}$,对其误差来源做详细分析。次优模式下的观测增量 $\delta\tilde{\boldsymbol{y}}'$ 和总的观测误差 $\tilde{\boldsymbol{R}}'$ 为:

$$\delta\tilde{\boldsymbol{y}}' = (\tilde{\boldsymbol{y}} - \boldsymbol{y}_t) - (\boldsymbol{H}(\boldsymbol{x}) - \boldsymbol{y}_t)$$
$$= (\boldsymbol{L}_s \boldsymbol{L}_p^{\mathrm{T}} \boldsymbol{y} - \boldsymbol{y}_t) - (\boldsymbol{H}(\boldsymbol{x}) - \boldsymbol{y}_t) \tag{7.32}$$

$$\tilde{\boldsymbol{R}}' = \boldsymbol{E}' + \boldsymbol{F} \tag{7.33}$$

观测的仪器噪声误差假设为 $\boldsymbol{\varepsilon}_{\mathrm{obs}}$,那么可以得到以下等式:

$$\boldsymbol{y} = \boldsymbol{y}_t + \boldsymbol{\varepsilon}_{\mathrm{obs}} \tag{7.34}$$

式(7.32)右侧第一项即观测的重构辐射率与真实光谱的偏差为:

$$\delta\tilde{\boldsymbol{y}}_{\mathrm{obs}} = (\boldsymbol{L}_p \boldsymbol{L}_p^{\mathrm{T}} \boldsymbol{y} - \boldsymbol{y}_t)$$
$$= \boldsymbol{L}_p \boldsymbol{L}_p^{\mathrm{T}} (\boldsymbol{y}_t + \boldsymbol{\varepsilon}_{\mathrm{obs}}) - \boldsymbol{y}_t \tag{7.35}$$
$$= (\boldsymbol{L}_p \boldsymbol{L}_p^{\mathrm{T}} - \boldsymbol{I}) \boldsymbol{y}_t + \boldsymbol{L}_p \boldsymbol{L}_p^{\mathrm{T}} \boldsymbol{\varepsilon}_{\mathrm{obs}}$$

使用符号 $<\cdots>$ 表示期望值,那么重构辐射率的观测误差协方差矩阵期望为:

$$\boldsymbol{F}' = <\delta\tilde{\boldsymbol{y}}'_{\mathrm{obs}}\delta\tilde{\boldsymbol{y}}'^{\mathrm{T}}_{\mathrm{obs}}>$$
$$= (\boldsymbol{L}_p \boldsymbol{L}_p^{\mathrm{T}} - \boldsymbol{I}) <\boldsymbol{y}_t \boldsymbol{y}_t^{\mathrm{T}}> (\boldsymbol{L}_p \boldsymbol{L}_p^{\mathrm{T}} - \boldsymbol{I})^{\mathrm{T}} + \boldsymbol{L}_p \boldsymbol{L}_p^{\mathrm{T}} \boldsymbol{E} \boldsymbol{L}_p \boldsymbol{L}_p^{\mathrm{T}} \tag{7.36}$$
$$= \boldsymbol{\Phi}_{\mathrm{rec}} + \boldsymbol{L}_p \boldsymbol{L}_p^{\mathrm{T}} \boldsymbol{E} \boldsymbol{L}_p \boldsymbol{L}_p^{\mathrm{T}}$$

注意式(7.36)中的 $\boldsymbol{\Phi}_{\mathrm{rec}}$ 与式(7.29)中的 $\boldsymbol{\Phi}$ 相同,当二次方乘积展开以后即可看出。总的观测误差协方差表示为如下的等式:

$$\tilde{\boldsymbol{R}}' = \boldsymbol{L}_s \boldsymbol{L}_p^{\mathrm{T}} \boldsymbol{E} \boldsymbol{L}_p \boldsymbol{L}_s^{\mathrm{T}} + \boldsymbol{F} + \boldsymbol{\Phi} \tag{7.37}$$

这个等式中假设正演模式辐射率和观测辐射率都具有与真实辐射率误差协方差相同的特征。通常观测辐射率与正演模式辐射率之间存在偏差,这里也假设同化前对偏差进行了充分的订正。

7.6 关于重构辐射率的讨论

7.6.1 重构辐射率通道数目的确定

对于从原始辐射率转换为标准重构辐射率的转换矩阵,通过前面式(7.3)可以看出和重构辐射率转换矩阵等价,该矩阵的维度为 $n \times n$,该矩阵的最大阶数即矩阵的秩为 p。如果用该矩阵来重构完整的光谱,则重构通道数目大于 PC 分量的数目,矩阵是非满秩的,即非正定不可逆的。这也就意味着重构的完整光谱中仅仅有最多 p 个重构辐射率通道是不相关,其他的更多数目的通道是由这 p 个不相关的重构辐射率简单线性组合而成。通常情况下,矩阵的阶数并非满秩,小于 p。

如果重构辐射率同化时,用的仅仅是 400 个 PC,重构出 8461 个通道,再挑选出 616 个,毫无疑问挑选的通道间有许多是线性相关的,信号相似。稳定的特征向量系数需要大量的光谱数据库为基础,经过大量的训练测试才能获得。目前 ECMWF 发布的主成分系数,最多也只有前 400 个高阶系数,舍弃了低阶的系数。这样完整光谱通道辐射率最多也只能压缩为 400 个 PC 分量。只是完整光谱的 PC 特征向量系数长度为 8461 个元素,重构第 i 个通道辐射率计算时,则用 PC 系数的第 i 个元素组成的长度最大为 400 的行向量与 PC 分量相乘进行计算(系数元素与 PC 个数相等),如图 7.36 所示。当然根据矩阵秩的特性,如果使用完整光谱特征向量系数,那么只有最大 PC 分量数目即 400 个重构辐射率通道线性不相关。超过 400 个时,更多的通道实际可以由这 400 个重构通道线性组合而成。

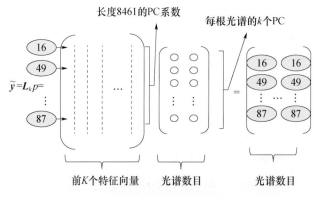

图 7.36　多廓线重构通道辐射率示意

对于特征向量系数,ECMWF 除了发布完整 IASI 光谱资料集训练而成,还将光谱分为长波和短波两个波段通道集合训练出特征向量系数。这两个波段通道的通道号数目分别为 165 和 297。

7.6.2　重构辐射率的云信息

如果每个 PC 分量都是整个视场内所有 8461 个通道压缩而成,那么每个 PC 分量都包含了整个大气厚度层的信息,底层的云信号很有可能压缩进 PC 分量中。重构的时候,高层通道很可能包含了底层云信息。关于重构通道中云信号的分析和处理还需要做深入研究。用含有受云影响的光谱辐射率库模拟出来的 PC 特征系数,用于 PC 计算时能够一定程度上将部分 PC 分量对应为云信号,但是目前缺乏大量的试验统计分析数据来充分证明重构的高层通道(这些通道号对应原始通道的权重函数高于云顶,不易受云影响)包含底层的云信号(图 7.37)。

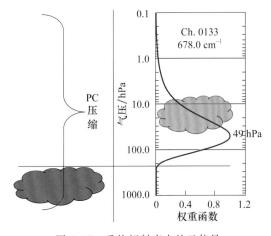

图 7.37　重构辐射率中的云信号

本章论证了一定条件下,同化重构辐射率和主成分分量的等价关系,并分析了重构辐射率空间的误差源。提出了最优化同化重构辐射率同化框架和次优观测算子和观测误差 H-R 的同化重构辐射率框架,并实现了次优 H-R 框架下同化重构辐射率系统。以 2015 年台风"红霞"区域的红外高光谱 IASI 重构辐射率为研究对象,对台风区域的重构辐射率进行了初步的数值模拟试验,分析了重构辐射率同化分析场对台风分析场的影响。重构辐射率与原始观测光谱之间存在一定差异。其中还有很多未知的规律和特征,尤其是重构辐射率通道选取和通道中云信号的处理还需要大量的试验对这方面做进一步的深入研究。

第8章
卫星红外高光谱资料全天候观测误差模型

红外高光谱等气象卫星观测可以从大气层外实现全天候条件下的对地探测,不受地表类型的限制,并且具有信息量大、时空分辨率高等特点,能有效填补常规观测难以探测的"信息盲区"。自从使用变分同化处理卫星资料以来,数值预报得到了明显的改进,以欧洲中期天气预报中心(ECMWF)业务化的四维变分资料同化系统为例,90%的观测信息来源于卫星资料。

目前 ECMWF 等数值预报中心业务资料同化系统主要采用晴空同化方法对红外高光谱资料进行同化,其资料同化系统中使用的观测误差协方差模型较为简单,难以对全天候条件下云雨区红外高光谱资料的误差水平进行准确描述。充分发挥红外高光谱观测资料的数值模拟应用价值,需要借助先进的观测误差协方差模型构建全天候资料同化系统。这种误差模型应该实时随云水状况而变化,与视场内的云水物质建立密切的联系。发挥红外高光谱资料的应用潜力,需要使用受云水影响的全天候观测,因此需要对观测误差协方差模型等同化关键技术进行深入研究,建立与云水之间的联系。

国产自主卫星红外高光谱仪器 GIIRS 等与国外红外高光谱仪器存在较大差异,目前实现的同化应用中对自主卫星红外高光谱观测误差模型研究较少。为了充分发挥自主卫星红外高光谱资料的应用价值,需要结合自主卫星仪器的特点和实现全天候业务同化应用的发展方向,需要开发先进的观测误差模式等相应全天候资料同化关键技术。

8.1　全天候观测误差模型研究意义

观测误差协方差矩阵,在变分同化系统中起着十分重要的作用,它决定了观测信息的重要性以及这些信息在空间和不同变量之间的扩散方式。观测误差协方差矩阵的非零元素越多,能从观测资料中提取的信息也就越多,从这个意义上说,观测误差协方差矩阵应该尽可能是满矩阵。一般而言,构成观测误差协方差对角元素的方差主要表示仪器误差,这部分信息容易获取;非对角元素表征观测之间的相关性,由后验估计而来,相对难以进行准确的估计。从资料同化开始发展以来,背景误差协方差矩阵已经发展到相当复杂的程度,但是观测误差协方差却极为简单,通常忽略非对角元素只考虑由对角元素构成的方差。例如,同化红外高光谱卫星资料时,简单假设观测之间误差不相关,相应进行视场稀疏化且选择不相邻的通道,其误差方差一般根据统计经验给定。

为了弥补观测误差协方差矩阵未考虑误差相关性的不足,通常观测误差被人为放大即观测误差膨胀技术,使得观测在分析中的权重和真实的权重一致。然而卫星资料的观测误差具有多样性,不仅仅包含仪器误差还包含代表性误差等,且观测之间存在相关性。这些相关性不仅包含空间相关,尤其对于红外高光谱的成千上万通道存在较强的通道相关。有研究表明这些通道间的误差相关程度随大气状况变化,晴空条件下相关程度小,全天候云雨条件下通道相关程度更显著。目前有研究初步尝试了在观测误差协方差矩阵中对红外高光谱资料考虑通道之间的相关,利用后验信息诊断出通道的相关系数和误差方差,但是未充分考虑全天候条件下观测误差随云水的实时变化。

8.2　全天候观测误差模型研究现状

　　关于观测误差协方差的研究最开始源于卫星资料的同化应用。Bormann 等(2010)指出对于卫星观测资料,由于观测误差的多样性,其不但存在空间相关误差,还存在通道相关误差。早在 2001 年,Desrosiers 等(2001)对卫星资料观测误差协方差进行了初步的研究,通过改进背景误差协方差分析值代替观测误差统计。2005 年,Desrosiers(2005)对观测误差协方差做了进一步改进,提出了目前应用最为广泛的观测误差协方差模型。其基本原理是在假设变分同化服从线性估计理论基础上,当背景误差和观测误差协方差矩阵准确时,利用观测同背景场残差和观测同分析场残差来统计观测误差协方差矩阵。随着卫星红外高光谱仪器的投入使用,Collard(2004)对红外高光谱 AIRS 的观测误差协方差进行了研究指出,一般认为观测误差为随机的且忽略观测误差相关性,为了补偿忽略的相关误差,通常对观测误差变量进行膨胀,使观测在分析过程中具有更合适的低权重。这种观测误差协方差模型多年来同样应用于红外高光谱 AIRS、IASI 和 CrIS 资料的 ECMWF 等业务资料同化系统中(McNally et al.,2006;Cameron et al.,2005;Collard,2007b;Collard et al.,2009;Hilton,2009b;Bloom,2001)。

　　随着人们对卫星资料同化方法的改进,由晴空同化方法向全天候同化方法的发展,对观测误差协方差模型提出了新的要求。Campbell 等(2017)指出资料同化过程中,对于每一种观测资料都需要指定专门的观测误差协方差。权衡观测相对背景场的权重,需要在观测误差协方差中考虑误差相关。如果忽略了非零的相关,将导致同化分析场不准确。Okamoto 等(2014)指出,在全天候条件下,红外光谱的观测误差大小以及误差相关程度随云量的大小而变化。Zhang 等(2016)在同化 GOES-R 上的 ABI 成像仪 6.55 μm 水汽波段全天候观测资料时,应用了观测误差膨胀的观测误差协方差模型,但是没有考虑通道之间的相关性。Fabry 等(2010)指出,由于当前小尺度模式中云和降水预报能力有限,对于云场景的红外光谱其总误差主要来源于预报模式中的云和降水引起大的位移和强度误差,当前这种误差被理解为模式误差,实际上属于观测误差。Geer 等(2011)提出了对称误差模型,利用微波成像仪 37 GHz 的极化差计算的云量作为统计因子,得到了晴空和有云情况下的全天候误差分布,由此解决了微波资料云雨区观测误差非高斯分布的问题。受微波全天候资料同化应用的启发,Geer 等对 7 个 IASI 水汽通道进行全天候观测资料同化,在观测误差协方差模型中建立了误差相关与云之间的联系,由此改善了同化分析场。Geer(2019)指出,对于红外高光谱全天候观测资料的同化应用,观测误差协方差模型需要同时考虑通道间的误差相关和方差随云量的变化。

　　国产自主卫星红外高光谱仪器近几年才投入使用,且整体上红外高光谱资料同化应用技术起步较晚,对红外高光谱的观测误差模型研究较少,主要集中在同化应用功能实现上。早期,曾庆存(1974)提出红外大气垂直探测通道不仅存在相关性,而且在有云情况下考虑云对观测误差的影响难度很大,困难在于没有云量等相关统计资料。目前,国内针对红外高光谱开展关于观测误差协方差模型研究的成果相对较少,但是这些工作为深入研究自主卫星红外高光谱观测误差协方差模型奠定了基础。Di 等(2018)率先基于 RTTOV 辐射传输模式第 7 版预报因子,训练了红外高光谱 GIIRS 的 101 层大气透过率系数,为模拟 GIIRS 红外高光谱资料的背景场水云信息奠定了基础。巩欣亚(2018)对 FY-4A 卫星上时空匹配的 GIIRS 和成像仪 AGRI 作辐射校验分析,得出晴空条件下,GIIRS 和 AGRI 在大气窗区(B12 和 B13)有很好的辐射一致性;有云条件下,AGRI 相对 GIIRS 具有冷偏差,为在观测误差模式中考虑 GIIRS 资料的云分布信息提供了参考经验。Zhang 等(2019)采用多种机器学习方法对 GIIRS 进行了云检测研究,训练了多个机器学习云检测模型,获得了良好的云检测精度,为实现给观测误差模式提供快速的云检测结果提供了便捷的方法。韩威等(2018)对 GIIRS 资料应用了 Desrosiers 观测误差协方差模型,对 GIIRS 观测进行了诊断分析,并成功在 GRAPES 全球四维变分同化系统中实现了风云四号 GIIRS 资料业务化运行,显著改善了台风等灾害天气过程的监测预报。Weng 等(2020)研发了中国第一代快速辐射传输模式 ARMS,发展和建立了完整的气溶胶、云粒子散射数据库,能实现全天候条件下红外及微波大气探测仪的快速高精度辐射传输计算,为研究国产红外高光谱 GIIRS 等资料的全天候观测误差协方差模型提供了重要的技术支撑。

当前许多数值预报中心在同化红外高光谱资料时,简单假设观测误差协方差模型是通道不相关的且观测误差不随视场内云水实际情况而变化,由此仅能实现对少数不受云水影响的通道进行同化,限制了红外高光谱资料的同化应用。

8.3　全天候观测误差模型与研究技术

8.3.1　全天候观测误差模型研究方法

以理论探索、模型设计和数值试验相结合的方法开展研究,在深入分析目前典型的变分同化系统实现、最新全天候变分同化技术发展和观测误差协方差技术的基础上,结合已取得的全球气象资料四维变分同化的研究成果和实践经验,采用云特征函数的红外高光谱通道误差相关和云量的观测误差方差膨胀,突破基于云场景的红外高光谱全天候观测误差协方差模型的设计和同化框架应用方法,在此基础上设计红外高光谱全天候变分资料同化原型系统,以验证基于云场景的红外高光谱全天候观测误差协方差模型的有效性。

8.3.2　构造全天候观测误差模型技术路线

本节首先构造考虑通道相关的观测误差协方差模型,并将其在代价函数观测项中进行实现,然后研究基于云特征函数通道相关的高光谱观测误差协方差模型和基于云量观测误差方差膨胀的观测误差协方差模型,在这两方面取得突破后,再构造基于云场景观测误差协方差的红外高光谱全天候资料变分同化原型系统,最后对新观测误差模型进行同化方法验证。技术线路如图 8.1 所示。

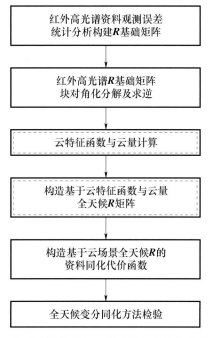

图 8.1 基于云场景的全天候观测误差协方差技术路线

8.3.3 基础观测误差协方差矩阵构造与分解求逆计算

在全天候观测条件下,红外高光谱受云水影响,误差水平相对于晴空观测要复杂,观测误差模式的构建对于同化全天候红外高光谱观测资料非常关键。首先利用同化系统的后验信息来诊断晴空条件下的红外高光谱观测误差协方差矩阵,为引入云水影响构建基础观测误差协方差矩阵。具体步骤如下:

第一步:选择一段时间的红外高光谱观测资料进行同化,对卫星观测资料误差进行诊断分析,利用后验观测误差协方差矩阵 $\tilde{R}$ 计算公式计算 GIIRS 观测误差协方差矩阵。

$$\tilde{R} = E\begin{bmatrix} d_a^{\circ} & d_a^{\circ T} \end{bmatrix} \tag{8.1}$$

式中:$E[]$ 为求数学期望;d_b° 为观测和背景场的差值(也称为信息增量或观测增量),$d_b^{\circ} = y - H(x_b)$;其中 x_b 为背景场,y 为卫星 GIIRS 观测值,H 为观测算子。如果考虑偏差订正,那么 $d_b^{\circ} = y - b - H(x_b)$,其中 b 为偏差订正参数。d_a° 为观测和分析的差值,$d_a^{\circ} = y - H(x_b + \delta x_a)$,其中 δx_a 为分析增量。假设误差为高斯分布,观测和背景的误差不相关,并且分析中观测的权重与使用真实误差特征时相同,则 $\tilde{R} = R$。

第二步:分别针对每个通道组合统计它们的协方差。

$$\boldsymbol{R}(i,j) = \frac{1}{N}\sum_{k=1}^{N}\{(\boldsymbol{d}_a^0)_i (\boldsymbol{d}_b^0)_j\}_k - \left(\frac{1}{N}\sum_{k=1}^{N}\{(\boldsymbol{d}_a^0)_i\}_k\right)\left(\frac{1}{N}\sum_{k=1}^{N}\{(\boldsymbol{d}_b^0)_j\}_k\right) \tag{8.2}$$

第三步:利用红外高光谱观测资料误差协方差矩阵进行块对角化分解为:

$$\boldsymbol{R} = \begin{bmatrix} \boldsymbol{R}_1 & & & & & \\ & \boldsymbol{R}_2 & & & 0 & \\ & & \ddots & & & \\ & & & \boldsymbol{R}_k & & \\ & 0 & & & \ddots & \\ & & & & & \boldsymbol{R}_m \end{bmatrix} \tag{8.3}$$

其中,假设选定研究的水汽通道误差协方差块为 $\boldsymbol{R}_k$(考虑观测误差相关,则为 $n \times n$ 维的方阵),表示整个红外高光谱通道集合的第 k 个观测集合中 n 个通道的观测误差协方差矩阵,如果拟定选择 7 个 GIIRS 水汽通道,则 $n=7$。

第四步:对第三步获得的块对角化观测误差协方差矩阵 $\boldsymbol{R}_k$ 进行对角化转换,采用经验正交展开等方法实现。

$$\boldsymbol{R}_k = \boldsymbol{\Sigma} \boldsymbol{C} \boldsymbol{\Sigma} \tag{8.4}$$

式中:$\boldsymbol{\Sigma}$ 为观测误差标准差矩阵,属于对角矩阵;$\boldsymbol{C}$ 为观测误差通道间相关系数的矩阵。

第五步:对第四步分解后的 $\boldsymbol{R}_k$ 进行求逆 $\boldsymbol{R}_k^{-1}$,求逆公式如下:

$$\boldsymbol{R}_k^{-1} = (\boldsymbol{\Sigma} \boldsymbol{C} \boldsymbol{\Sigma})^{-1} = \boldsymbol{\Sigma}^{-1} \boldsymbol{C}^{-1} \boldsymbol{\Sigma}^{-1} \tag{8.5}$$

需要对系数矩阵再进行矩阵分解,则 $\boldsymbol{R}_k^{-1}$ 表示为:

$$\boldsymbol{R}_k^{-1} = \boldsymbol{\Sigma}^{-1} \boldsymbol{E} \boldsymbol{\Lambda}^{-1} \boldsymbol{E}^{\mathrm{T}} \boldsymbol{\Sigma}^{-1} \tag{8.6}$$

式中:$\boldsymbol{\Lambda}$ 是由 $\boldsymbol{C}$ 矩阵的特征值 λ_j 组成的对角矩阵;$\boldsymbol{E}$ 是由 $\boldsymbol{C}$ 矩阵的特征向量 $\boldsymbol{e}_j$ 组成的正交矩阵。

8.3.4　观测误差相关矩阵在代价函数中的实现

资料同化代价函数 $\boldsymbol{J}$ 包含观测项 $\boldsymbol{J}^o$ 和背景场项 $\boldsymbol{J}^b$,表示为:

$$\boldsymbol{J} = \boldsymbol{J}^o + \boldsymbol{J}^b \tag{8.7}$$

当不考虑通道相关时,$\boldsymbol{R}$ 为只考虑方差的对角矩阵,代价函数观测项 $\boldsymbol{J}^o$ 表示为:

$$\boldsymbol{J}^o(\boldsymbol{x}) = \frac{1}{2} \boldsymbol{d}^{\mathrm{T}} \boldsymbol{R}^{-1} \boldsymbol{d} = \frac{1}{2} \sum_{i=1}^{N} \left(\frac{\boldsymbol{d}_i}{\boldsymbol{\sigma}_i^o}\right)^2 \tag{8.8}$$

式中:$\boldsymbol{d}$ 为观测增量;$\boldsymbol{\sigma}_i^o$ 为第 i 个通道的观测误差标准差。采用增量方式求解代价函数时,则观测项的梯度为:

$$\boldsymbol{J}^o(\boldsymbol{x})' = -\mathbf{H}^{\mathrm{T}} \boldsymbol{R}^{-1} \boldsymbol{d} = -\sum_{i=1}^{N} \boldsymbol{h}_i \frac{\boldsymbol{d}_i}{(\boldsymbol{\sigma}_i^o)^2} \tag{8.9}$$

式中:$\mathbf{H}^{\mathrm{T}}$ 为切线性观测算子的转置,也称为雅各比矩阵,其列向量为 $\boldsymbol{h}_i$,通常用来衡量观测对大气状态变化的敏感度。

当考虑通道相关时,$\boldsymbol{R}$ 矩阵求逆不能简单表示为方差对角阵的求逆,需要使用观测误差相关系数矩阵分解后的形式求逆,则代价函数表示为:

$$J^o(x) = \frac{1}{2}d^\top E \Lambda^{-1} E^\top d = \frac{1}{2}\sum_{j=1}^{N}\left(\frac{e_j^\top d}{(\lambda_j)^{0.5}}\right)^2 \tag{8.10}$$

式中：$e_j^\top$ 为特征向量的转置；$e_j^\top d$ 为特征偏差项。对应观测项的梯度为：

$$J^o(x)' = -H^\top E \Lambda^{-1} E^\top d = -\sum_{j=1}^{N}H^\top e_j \frac{e_j^\top d}{\lambda_j} \tag{8.11}$$

式中：$H^\top e_j$ 为特征雅各比矩阵，同样可以用来衡量观测对大气状态变化的敏感度。

8.3.5 基于云特征函数的观测误差相关

对于云特征函数和云量的计算，都需要使用 RTTOV 快速辐射传输模式对通道分别计算晴空辐射率 $H_{clr}(x_b)$ 和有云辐射率 $H_{cld}(x_b)$。以受云影响最大的也就是权重函数位于最底层的通道为研究对象，然后将模拟的有云辐射率与观测辐射率分别和模拟的晴空辐射率计算偏差，即以模拟晴空辐射率为参考基础，获得背景场的云辐射率和观测包含的云辐射率，最后进行加权平均，获得云特征函数 C_{cld}：

$$C_{cld} = \frac{1}{2}(H_{clr}(x_b) - y) + \frac{1}{2}(H_{clr}(x_b) - H_{cld}(x_b)) \tag{8.12}$$

当考虑通道相关时，3.2.2 节中整体 $e_j^\top d/\lambda_j$ 表示为标准化特征信息增量项，使用 C_{cld} 替代，则能实现在观测误差模型中考虑基于云特征的误差相关。

8.3.6 基于云量的观测误差膨胀

对于观测误差标准差考虑云量的影响，需要构造不同通道 j 的膨胀因子 S_j，由 S_i 构成一个对角化的膨胀矩阵 S。

$$S = \begin{bmatrix} S_1 & & & & \\ & \ddots & & 0 & \\ & & S_j & & \\ & 0 & & \ddots & \\ & & & & S_n \end{bmatrix}$$

因此，对观测误差进行膨胀可以表示为：

$$R = E S^{0.5} \Lambda S^{0.5} E^\top \equiv E S \Lambda E^\top$$

R_k 矩阵的特征值膨胀拟定采取分特征值类型的策略，第一特征值膨胀因子为 S_1，其他特征值膨胀系数设置为1(或者其他常数进行膨胀，需要根据试验进行测试获得经验值)，即 S_j 的取值策略可以表示为：

$$S_j = \begin{cases} S_1, \text{当特征值序数 } j = 1 \\ 1, \text{特征值序数 } j = 1 \end{cases} \tag{8.13}$$

式中：

$$S_1 = \min\left(\max\left(\frac{C_a + 0.5}{6.0}, a\right), b\right) \tag{8.14}$$

a 为晴空条件下最小膨胀比例因子系数(比如取值为 0.2)；b 为云条件下最大膨胀比例因子系数(比如取值 3.2)；C_a 为云量函数。

云量函数 C_a 由模拟云量 C_m 和观测云量 C_o 计算而来,表示如下:

$$C_m = B_{cld} - B_{clr}$$

$$C_o = O_{cld} - B_{clr} \qquad (8.15)$$

$$C_a = (C_m + C_o)/2$$

式中:B_{cld} 为 RTTOV 对有云廓线模拟的亮温;B_{clr} 为 RTTOV 对晴空廓线模拟的亮温;O_{cld} 为观测的有云亮温。当使用辐射率亮温表示云量时,云量函数 C_a 与云特征函数 C_{cld} 具有等价性。

8.3.7　基于云场景全天候观测误差协方差的实现与验证

将云特征函数和云量函数应用于代价函数观测项,实现基于云场景的观测误差协方差模型和相应同化代价函数。

在同化系统中计算新构造的代价函数及其梯度,极小化解求解最优分析场,并验证代价函数的收敛性。

最后进行同化对比试验,验证基于云场景观测误差协方差模型的有效性,详细试验设计,见下一节。

8.4　全天候观测误差模型研究试验手段

8.4.1　基于云场景红外高光谱全天候 R 模型的同化试验原型系统构造

验证基于云场景的红外高光谱全天候 R 模型的有效性,需要通过数值模拟资料同化试验原型系统来进行验证。一方面因为资料同化关键技术的验证难度大,另一方面也是因为红外高光谱全天候观测资料同化的复杂度,通过对同化试验原型系统进行深入研究分析后,同化试验原型详细说明如下:

① 对于整个同化试验系统,可以使用目前团队研发的非静力载水预报模式,确保预报模式能为快速辐射传输模式提供准确的背景场云水廓线信息,在预报模式的湿物理过程中设置包含云水(CW)、云冰(CI)、大尺度降雨(LR)和大尺度降雪(LS)参数。

② 采用公开发布的 RTTOV 的最新 12.3 版本快速辐射传输模式,在辐射传输计算过程中对于红外高光谱水汽通道的模拟采用云场景辐射模拟方案,即包含云水、云冰的参数化方案以准确模拟通道包含的云辐射率,同时采用云层叠加模拟方案以获得准确的云量等信息,为基于云视场的全天候 R 模型提供准确的云特征函数和云量的输入信息。

③ 对于输入的观测,一方面,为了避免红外高光谱水平空间相关拟定进行观测视场稀疏化处理;另一方面,因为目前红外高光谱 GIIRS 水汽通道噪声水平偏高,采用项目组早期已有

的国家自然科学基金青年科学基金项目"红外高光谱遥感资料直接四维变分同化技术研究"的研究成果即主成分重构技术,对红外高光谱 GIIRS 水汽通道进行主成分重构,实现降低通道噪声水平。

④ 对于输入的红外高光谱视场,采用已经开发的红外高光谱 GIIRS 人工智能 AI 云检测技术,对视场进行快速云检测分类,对于有云视场的中上对流层水汽通道应用云场景全天候观测误差协方差模型以及相应的全天候资料同化方法。

⑤ 在同化试验原型系统中,采用变分偏差订正和变分质量控制技术,目前这些技术已经在项目组研发的 YH4DVar 系统中成熟应用,将在同化试验原型系统应用这些关键技术。

为了准确定位基于云场景的红外高光谱全天候 R 模型的性能,设计基于云场景 *R* 模型的红外高光谱全天候资料同化试验流程,如图 8.2 所示。将影响红外高光谱全天候资料同化的相关技术展开系统分析和统筹应用,以尽量减少其他不确定因素的干扰,争取通过应用全天候 *R* 模型能改善红外高光谱资料同化分析的预期效果。

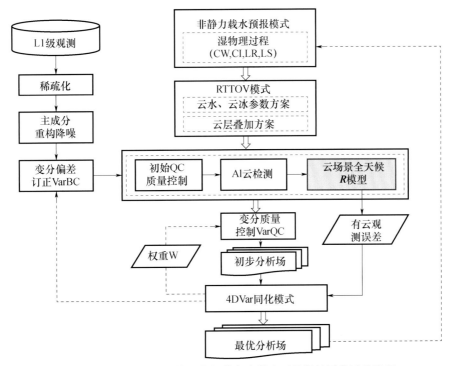

图 8.2　基于云场景 R 模型的红外高光谱全天候资料同化试验流程

8.4.2　对比参考试验方案设计

为了验证基于云场景红外高光谱全天候观测误差协方差模型的有效性,拟定设计多组对比参考试验:

① 在 8.3.1 节中介绍的基于云场景红外高光谱全天候 R 模型的同化试验原型系统内,对比使用诊断的观测误差相关系数矩阵与基于云场景的观测误差相关技术的同化应用效果。

② 在 8.3.1 节中介绍的基于云场景红外高光谱全天候 R 模型的同化试验原型系统内,对比使用通道均一化观测误差膨胀系数与使用基于云量变化的观测误差膨胀技术的同化应用效果。

③ 构建晴空同化试验方案,对于现有红外高光谱 GIIRS 选定水汽通道,拟定采用晴空同化试验方案即晴空通道云检测技术和晴空观测误差协方差 **R** 模型,对比采用全天候同化试验方案的基于云场景的全天候观测误差协方差 **R** 模型的同化应用效果。

④ 在目前对于温度通道采用晴空同化试验方案的基础上,对比分别采用基于云场景全天候观测误差协方差模型的同化方案和晴空同化方案,增加红外高光谱水汽通道全天候观测资料之后同化应用效果;

关于红外高光谱晴空同化方案和基于云场景全天候观测误差协方差同化方案,拟定采用如图 8.3 所示的同化试验方案架构,将红外高光谱温度和水汽视为两种仪器的观测资料。在晴空同化方案中,采用晴空通道云检测技术识别晴空视场和完全云覆盖视场云顶以上的通道,应用晴空观测误差协方差 **R** 模式。在全天候同化方案中,对于部分有云的视场和全云覆盖视场的中上对流层水汽通道,不进行通道云检测,应用 RTTOV 模拟的有云辐射率进行视场内云特征函数、云量计算,应用基于云场景的全天候 **R** 模型。设计此对比试验方案以实现第 4 组对比试验,为本项目提出的红外高光谱观测误差协方差模型提供业务开发应用经验。

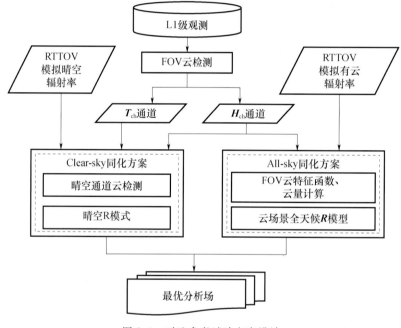

图 8.3　对比参考试验方案设计

8.5　全天候资料同化应用前景

依据 ECMWF 统计的表格中显示,2017 年世界各大数值预报中心已经实现或者正在开发全天候资料同化方法(Geer,2017),如表 8.1 所示,其中"A"表示全天候同化方法"已经激活","D"表示正在开发,ECMWF 正在发展红外高光谱 IASI、AIRS、CrIS 资料水汽通道的全天候资料同化方法,JMA 正在发展静止卫星 Himawari-8 红外成像仪水汽通道的全天候资料同化方法。

表 8.1　世界各大数值预报中心全天候同化观测资料现状统计(Geer,2017)

		ECMWF	JMA global	NCEP	Met Office global	Met Office local	Météo-France global	Météo-France local	DWD global	DWD local
微波										
成像仪	SSMIS(F-17)	A	D							
	SSMIS(F-18)		D							
	GMI	A	D	D						
	AMSR2	A	D	D						
	MWRI(FY-3B)		D							
	MWRI(FY-3C)		D							
湿度计	MHS(4×sats.)	A	D	D	D	D	D	D	D	
	ATMS	D	D	D	D	D	D	D	D	
	SSMIS(F-17)	A	D		D		D	D	D	
	SSMIS(F-18)	A	D				D	D	D	
	MWHS-1									
	MWHS-2	A	D		D		D	D	D	
	SAPHIR	A	D		D		D	D	D	
	GMI	A	D		D		D	D	D	
温度计	AMSU-A(6x)	D	D	A	D					
	ATMS	D		D	D					
	MWHS-2	A								
红外遥感										
成像仪	IASI(2×sats.)						D			
	AIRS									
	CrIS									
湿度计	IASI(2×sats.)	D		D			D	D		
	AIRS	D		D						
	CrIS	D		D						
温度计	IASI(2×sats.)						D			
	AIRS									
	CrIS									

续表

		ECMWF	JMA global	NCEP	Met Office global	Met Office local	Météo-France global	Météo-France local	DWD global	DWD local
					静止卫星					
成像仪 (可见光+ 红外)	Himawari-8									
	Meteosat(2×)									D
	GOES(2×)									
温度计 (红外)	Himawari-8		D							
	Meteosat(2×)			D						D
	GOES(2×)									

    Geer(2019)的研究结果表明,在红外高光谱观测误差协方差模型中即使只使用简单的通道观测误差相关或者观测误差膨胀,其效果也比目前业务系统中使用简单的对角化观测误差协方差模型要好,展示了改善观测误差协方差模型在全球业务变分同化系统中的巨大潜力和应用前景。Geer(2017)分析了对 2013 年 10 月 27 日—12 月 1 日,NCEP 的晴空同化方法和全天候同化方法与 ECMWF 业务同化分析的平均湿度分析的偏差,如图 8.4 所示,全天候同化

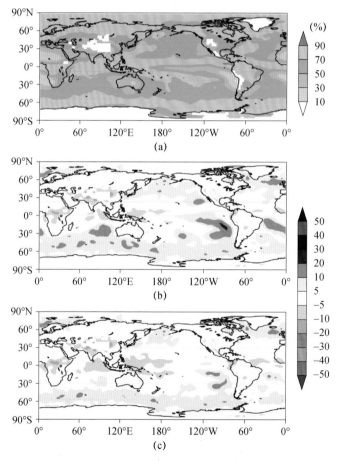

图 8.4　ECMWF 的平均相对湿度分析(a);NCEP 晴空同化与 ECMWF 的同化之间的
偏差(b);NCEP 全天候同化与 ECMWF 的同化之间偏差(c)(Geer,2017)

方法分析偏差较小,该结果基于微波资料同化的应用效果。Geer(2019)采用全天候资料同化方法相比晴空资料同化方法同化红外高光谱 IASI 水汽通道一定程度上能改善热带地区风向量的同化效果,如图 8.5 所示能显著增加同化水汽通道的数量,整体同化分析场的效果有待进一步提高。

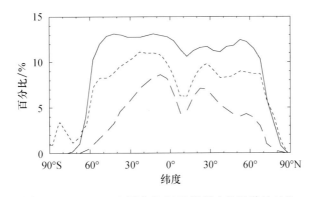

图 8.5　ECMWF 中同化的 IASI 资料水汽通道量对比

(黑线为任意全天候同化通道;点划线为晴空同化高层水汽通道,短划线为底层水汽通道)(Geer,2019)

参考文献

曹小群,宋君强,张卫民,等,2011. 基于变分方法的混沌系统参数估计[J]. 物理学报(7):136-143.

曹小群,宋君强,张卫民,等,2014. 多源卫星观测数据在全球四维变分同化系统中的应用[J]. 测绘通报(S1):102-107.

陈德辉,沈学顺,2006. 新一代数值预报系统 GRAPES 研究进展[J]. 应用气象学报,17(6):773-777.

陈东升,沈桐立,马革兰,等,2004. 气象资料同化的研究进展[J]. 南京气象学院学报,27(4):550-564.

陈靖,2005. 云检测在高光谱大气红外探测器辐射率资料直接同化中的应用研究[D]. 南京:南京信息工程大学.

陈靖,李刚,王根,2010. 一个基于视场 AIRS 云检测方案[J]. 安徽农业科学(7):3848-3849.

陈靖,李刚,张华,等,2011. 云检测在高光谱大气红外探测器辐射率直接同化中的应用[J]. 气象,37(5):555-563.

董超华,李俊,张鹏,2013. 卫星高光谱红外大气遥感原理和应用[M]. 北京:科学出版社.

董隽逸,李正直,1985. 傅里叶变换红外光谱仪中新的切趾函数[J]. 红外与毫米波学报,4(1):11-16.

董佩明,薛纪善,黄兵,等,2008. 数值天气预报中卫星资料同化应用现状和发展[J]. 气象科技,36(1):1-7.

董佩明,王海军,韩威,等,2009. 水物质对云雨区卫星微波观测模拟影响[J]. 应用气象学报,20(6):682-691.

杜华栋,黄思训,石汉青,2008. 高光谱分辨率遥感资料通道最优选择方法及试验[J]. 物理学报.57(12):7685-7692.

高文华,赵凤生,盖长松,2006. 大气红外探测器(AIRS)温、湿度反演产品的有效性检验及在数值模式中的应用研究[J]. 气象学报,64(3):271-280.

巩欣亚.2018. 卫星高光谱大气红外探测仪与成像仪联合质量控制与遥感应用研究[D]. 北京:中国科学院大学.

官莉,2007. 星载红外高光谱资料的应用[M]. 北京:气象出版社.

官莉,王振会,2007. 用空间匹配的 MODIS 云产品客观确定 AIRS 云检测[J]. 气象科学,27(5):516-516.

韩威,2018. GRAPES卫星资料同化进展和未来挑战[C]. 合肥:第 35 届中国气象学会年会.

和杰,2016. GRAPES-3DVar 中非高斯分布观测误差资料的变分质量控制研究[D]. 南京:南京信息工程大学.

胡秀清,漆成莉,吴春强,等,2018. FY-3D 红外高光谱垂直探测仪 HIRAS 在轨性能综合评价[C]. 合肥:第 35 届中国气象学会年会.

华建文,毛建华,2018. "风云四号"气象卫星大气垂直探测仪[J]. 科学,70(1):24-29.

皇群博,2011. 云水污染的卫星微波资料变分同化技术[D]. 长沙:国防科技大学.

蒋德明,陈渭民,傅炳珊,等,2003. 基于径向基函数网络的云自动分类研究[J]. 南京气象学院学报,26(1):89-89.

蒋尚城,2006. 应用卫星气象学[M]. 北京:北京大学出版社.

冷洪泽,2014. 集合变分资料同化关键技术及其并行算法研究[D]. 长沙:国防科技大学.

李刚,吴兆军,张华,2016. 偏差订正方法在 IASI 辐射率资料同化中的应用研究[J]. 大气科学学报. 39(1):72-80.

李俊,方宗义,2012. 卫星气象的发展——机遇与挑战[J]. 气象,38(2):129-14.

黎佩南,2012. 一种快速排序算法的实现及其应用[J]. 电讯技术,52(2):5.

梁顺林,李新,谢先红,2013a. 陆面观测、模拟与数据同化[M]. 北京:高等教育出版社.

梁顺林,李小文,王锦地,2013b. 定量遥感:理念与算法[M]. 北京:科学出版社.

刘成思,2005. 集合卡尔曼滤波资料同化方案的设计和研究[D]. 北京:中国气象科学研究院.

刘航,2014. 红外高光谱晴空通道云检测在变分同化中的应用研究[D]. 长沙:国防科技大学.

刘加庆,2014. 红外干涉仪实时数据处理技术研究[D]. 上海:中国科学院研究生院上海技术物理研究所.

刘艳,薛纪善,张林,等,2016. GRAPES 全球三维变分同化系统的检验与诊断[J]. 应用气象学报. 27(1) 1-15.

陆宁,2015. 基于 CrIS 热红外数据的晴空条件下 CO_2 浓度遥感反演研究[D]. 北京:北京交通大学.

陆其峰,周方,漆成莉,等,2019. FY-3D 星红外高光谱大气探测仪的在轨光谱精度评估[J]. 光学精密工程,27(10):2105-2115.

沈学顺,苏勇,胡江林,等,2017. GRAPES_GFS 全球中期预报系统的研发和业务化[J]. 应用气象学报. 28(1):1-10.

王金成,李娟,田伟红,等,2017. GRAPES 全球三维变分同化业务系统性能[J]. 应用气象学报. 28(1):11-24.

王金成,韩威,2018. NOAA-20 ATMS 资料在 GRAPES_GFS 四维变分中的同化应用[C]. 合肥:第 35 届中国气象学会年会.

王雅鹏,李小英,陈良富,等,2016. 红外临边探测发展现状[J]. 遥感学报(4):513-527.

徐天成,谷亚林,钱玲,2012. 信号与系统(第四版)[M]. 北京:电子工业出版社.

薛纪善,2006. 新世纪初我国数值天气预报的科技创新研究[J]. 应用气象学报,17(5):601-610.

薛纪善,2009. 气象卫星资料同化的科学问题与前景[J]. 气象学报,67(6):903-911.

薛纪善,陈德辉,陈贤,2003. 新一代气象数值预报模式系统研究开发取得丰硕成果[J]. 中国气象科学研究院年报(1):6-6.

薛纪善,庄世宇,朱国富,等,2008. GRAPES 新一代全球/区域变分同化系统研究[J]. Chinese Journal,53(020):2408-2417.

杨军,2012. 气象卫星及其应用[M]. 北京:气象出版社.

余意,2011. 主成分方法在红外高光谱资料同化中的应用[D]. 长沙:国防科技大学.

余意,张卫民,曹小群,等,2017. 同化 IASI 资料对台风"红霞"和"莫兰蒂"预报的影响研究[J]. 热带气象学报(4):1004-1015.

曾庆存,1974. 大气红外遥测原理[M]. 北京:科学出版社.

张华,石广玉,刘毅,2005. 两种逐线积分辐射模式大气吸收的比较研究[J]. 大气科学,29(4):581-593.

张磊,董超华,张文建,等,2008. METOP 星载干涉式超高光谱分辨率红外大气探测仪(IASI)及其产品[J]. 气象科技,36(5):639-642.

张水平,2009. AIRS 资料反演大气温度廓线的通道选择研究[J]. 气象科学,29(4):475-481.

张同,鲍艳松,陆其峰,2016. IASI 卫星资料同化对江淮暴雨预报的试验研究[J]. 科学技术与工程,16(6):9-16.

张卫民,2005. 气象资料变分同化的研究与并行计算实现[D]. 长沙:国防科技大学.

张卫民,曹小群,宋君强,2012. 以全球谱模式为约束的四维变分资料同化系统 YH4DVAR 的设计和实现[J]. 物理学报,61(24):565-577.

张卫民,陈妍,刘柏年,等,2022. 混合资料同化[M]. 北京:气象出版社.

张文娟,张兵,张霞,等,2008. 干涉成像光谱仪切趾函数对复原光谱的影响分析[J]. 红外与毫米波学报(3):69-74+82.

张小华,2019. LEO 和 GEO 下一代光栅光谱成像大气探测仪设想(下)[J]. 红外,40(3):44-50.

张雪慧,2009. 利用人工神经网络方法反演晴空时大气温度廓线的研究[D]. 南京:南京信息工程大学.

周昊,2012. GSI 三维变分同化技术在降水预报中的应用[D]. 南京:南京信息工程大学.

朱江,1995. 观测资料的四维质量控制:变分法[J]. 气象学报,53(4):480-487.

庄世宇,薛纪善,朱国富,等,2005. 全球三维变分同化系统——基本设计方案与理想试验[J]. 大气科学,29(6):872-884.

邹晓蕾,2009. 资料同化理论和应用(上册)[M]. 北京:气象出版社.

AIRES F,2011. Measure and exploitation of multisensor and multiwavelength synergy for remote sensing:1. Theoretical considerations[J]. J Geophys Res Atmos,116(D):2301,doi:10.1029/2010JD014701.

AIRES F,ROSSOW W B,SCOTT N A,et al,2002. Remote sensing from the infrared atmospheric sounding interferometer instrument 1. Compression,denoising,and first-guess retrieval algorithms[J]. J Geophys Res Atmos,107:ACH 6-1-ACH 6-15,doi:10.1029/2001JD000955.

AULIGNÉ T 2014a. Multivariate minimum residual method for cloud retrieval. Part I:Theoretical aspects and simulated observation experiments[J]. Monthly Weather Review,142(12):4383-4398.

AULIGNÉ T,2014b. Multivariate minimum residual method for cloud retrieval. Part II:Real observations experiments[J]. Monthly Weather Review,142(12):4399-4415.

AUMANN H H,Chahine M T,Gautier C,et al,2003. AIRS/AMSU/HSB on the Aqua mission:design,science objectives,data products,and processing systems[J]. IEEE Trans Geosci Remote Sensing,41:253-264.

BARKER D M,HUANG W,GUO Y R,et al,2004. A Three-Dimensional Data Assimilation System for Use With MM5:Implementation and Initial Results[J]. Monthly Weather Review,132:897-914.

BARKER D,HUANG X Y,LIU Z,et al,2012. The Weather Research and Forecasting Model's Community Variational/Ensemble Data Assimilation System:WRFDA[J]. Bull Amer Meteor Soc,93:831-843.

BLOOM H,2001. The Cross-Track Infrared Sounder(CrIS):A sensor for operational meterological remote sensing[C]//Fourier Transform Spectroscopy. Optical Society of America:JTuB1.

BORMANN N,BAUER P,2010. Estimates of spatial and interchannel observation-error characteristics for current sounder radiances for numerical weather prediction. I:Methods and application to ATOVS data[J]. Quarterly Journal of the Royal Meteorological Society,136:837-842.

BUEHNER M,HOUTEKAMER P L,CHARETTE C,et al,2010. Intercomparison of Variational Data Assimilation and the Ensemble Kalman Filter for Global Deterministic NWP. Part I:Description and Single-Observation Experiments[J]. Monthly Weather Review,138(5):1550-1566.

CAMERON J,COLLARD A,ENGLISH S,2005. Operational use of AIRS observations at the Met Office[J]. Proceedings of ITSC-XIV,Beijing,China:25-31.

CAMPBELL W F,SATTERFIELD E A,RUSTON B,et al,2017. Accounting for correlated observation error in a dual-formulation 4D variational data assimilation system[J]. Monthly Weather Review,145(3):1019-1032.

COLLARD A D,2004. On the choice of observation errors for the assimilation of AIRS brightness temperatures:A theoretical study[R]. ECMWF Technical Memoranda,AC/90.

COLLARD A D,2012. IASI channel selection for reconstructed radiance NWP_VS11_02 report v1.0[R].

EUMETSAT NWP SAF-MO-VS-047.

COLLARD A D,MCNALLY A P,2009. The assimilation of infrared atmospheric sounding interferometer radiances at ECMWF［J］. Quarterly Journal of the Royal Meteorological Society,135（641）: 1044-1058.

COLLARD A D,MCNALLY A P,HILTON F I,et al,2010. The use of principal component analysis for the assimilation of high-resolution infrared sounder observations for numerical weather prediction［J］. Quarterly Journal of the Royal Meteorological Society,136(653):2038-2050.

COLLARD A D,2007a. Selection of IASI channels for use in numerical weather prediction［J］. Q J R Meteorol Soc,133:1977-1991.

COLLARD A,SAUNDERS R,CAMERON J,et al,2003. Assimilation of data from AIRS for improved numerical weather prediction［C］. Proceeding of the 13th International TOVS Study Conference.

DEE D P,2005. Bias and data assimilation ［J］. Quart J Roy Meteor Soc,131(613):3323-3343.

DESROZIERS G,IVANOV S,2001. Diagnosis and adaptive tuning of observation error parameters in a variational assimilation ［J］. Quarterly Journal of the Royal Meteorological Society, 127 (574): 1433-1452.

DESROZIERS G,BERRE L,CHAPNIK B,et al,2005. Diagnosis of observation,background and analysis-error statistics in observation space［J］. Quarterly Journal of the Royal Meteorological Society,131 (613):3385-3396.

DI D,LI J,HAN W,et al,2018. Enhancing the fast radiative transfer model for FengYun-4 GIIRS by using local training profiles ［J］. Journal of Geophysical Research Atmospheres, 123, https://doi.org/ 10. 1029/2018JD029089.

DONE J,DAVIS C A,WEISMAN M,2004. The next generation of NWP:explicit forecasts of convection using the weather research and forecasting (WRF) model［J］. Atmospheric Science Letters,5(6): 546-550.

EDWARD TOLSEN,EVAN MANNING,STEPHEN LICATA,2013. AIRS/AMSU/HSB Version 6 Data Release User Guide Version 1. 2［R］. Jet Propulsion Laboratory,California Institute of Technology, Pasadena.,

ERESMAA R,2014. Imager-assisted cloud detection for assimilation of Infrared Atmospheric Sounding Interferometer radiances ［J］. Quarterly Journal of the Royal Meteorological Society, 140 (684): 2342-2352.

FABRY F,SUN J,2010. For how long should what data be assimilated for the mesoscale forecasting of convection and why?,Part I:On the propagation of initial condition errors and their implications for data assimilation［J］,Mon Weather Rev,138:242-255.

FOURRIÉ N,THÉPAUT J N,2003. Evaluation of the AIRS near-real-time channel selection for application to numerical weather prediction［J］. Q J R Meteorol Soc,129:2425-2439.

GARCÍASOBRINO,J SERRASAGRISTÀ,BARTRINARAPESTA J,2017. Hyperspectral IASI L1C Data Compression［J］. Sensors,17(6):357-363.

GEER A J,2019. Correlated observation error models for assimilating all-sky infrared radiances［J］. Atmospheric Measurement Techniques,12:3629-3657.

GEER A J,BAUER P,2011. Observation errors in all-sky data assimilation［J］. Quarterly Journal of the Royal Meteorological Society,137(661):2024-2037.

GEER A J,LONITZ K,WESTON P,et al,2017. An-sky data assimilation at operational weather forecasting centers［J］. Quarterly Journal of the Royal Meteorological Society,144(713):1191-1217.

GEER A J,BAUER P,LONITZ K,et al,2021. Bulk hydrometeor optical properties for microwave and sub-mm radiative transfer in RTTOV-SCATT v13. 0.

GEORGE M,CLERBAUX C,HURTMANS D,et al,2009. Carbon monoxide distributions from the IASI/ METOP mission:Evaluation with other space-borne remote sensors[J]. Atmos Chem Phys Discuss, 9:9793-9822.

GOLDBERG L Z,ZHOU D,2002. AIRS clear detection flag[C]//Presentation Material at a Meeting(s1).

GOLDBERG M D,QU Y,MCMILLIN L M,et al,2003. AIRS near-real-time products and algorithms in support of operational numerical weather prediction[J]. IEEE Transactions on Geoscience and Remote Sensing,41(2):379-389.

GUIDARD V,N. FOURRIÉ,BROUSSEAU P,et al,2011. Impact of IASI assimilation at global and convective scales and challenges for the assimilation of cloudy scenes[J]. Quarterly Journal of the Royal Meteorological Society,137(661):1975-1987.

HAN Y,PAU VAN DELST,QUANHUA LIU,et al,2005. User's Guide to the JCSDA Community Radiative Transfer Model(Beta Version)[M]. JCSDA.

HAN Y,CHEN Y,JIN X,et al,2013a. Cross-track Infrared Sounder(CrIS)Sensor Data Record(SDR) user's guide—Version 1 [R]. Washington,DC:NOAA Technical Report NESDIS 143.

HAN Y,REVERCOMB H,CROMP M,et al,2013b. Suomi NPP CrIS measurements,sensor data record algorithm,calibration and validation activities,and record data quality[J]. Journal of Geophysical Research:Atmospheres,118(22):12734-12748.

HARRIS B A,KELLY G,2001. A satellite radiance-bias correction scheme for data assimilation[J]. Q J R Meteorol Soc,127:1453-1468.

HILTON F,ATKINSON N C,ENGLISH S J,et al,2009a. Assimilation of IASI at Met Office and assessment of its impact through observing system experiments[J]. Q J R Meteorol Soc,135:495-505.

HILTON F,COLLARD A,GUIDARD V,et al,2009b. Assimilation of IASI radiances at European NWP centres[C]//Proceedings of Workshop on the Assimilation of IASI Data in NWP,ECMWF,Reading, UK. 39-48.

HILTON F,ARMANTE R,AUGUST T,et al,2012. Hyperspectral Earth observation from IASI:Five years of accomplishments[J]. Bulletin of the American Meteorological Society,93(3):347-370.

HOCKING J,VIDOT J,BRUNEL P,et al,2021. A new gas absorption optical depth parameterisation for RTTOV v13[J]. Geoscientific Model Development,14(5):2899-2915.

HUANG X Y,XIAO Q,BARKER D M,et al,2009. Four-Dimensional Variational Data Assimilation for WRF:Formulation and Preliminary Results[J]. Mon Wea Rev,137:299-314.

JAMES C,ANDREW C,ENGLISH S,2005. Operation use of AIRS observation at the Met Office[C]. 14th Internet Tovs Study Conference,Beijing,China.

JOINER J,BRIN E,TREADON R,et al,2007. Effects of data selection and error specification on the assimilation of AIRS data [J]. Q J R Meteorol Soc. 133:181-196.

KAISER J W,2001. Atmospheric Parameter Retrieval from UV-vis-NIR Limb Scattering Measurements [D]. Bremen:University of Bremen.

KANAMITSU M,SAHA S,1996. Systematic tendency error in budget calculations[J]. Monthly Weather Review,124(6):1145-1160.

KING J I F,1956. The radiative heat transfer of planet earth[J]. Scientific Use of Earth Satellite,34: 133-136.

KLEESPIES T J,DELST P V,MCMILLIN L M,et al,2004. Atmospheric transmittance of an absorbing gas. 6. OPTRAN status report and introduction to the NESDIS/NCEP community radiative transfer model[J]. Applied Optics,43(15):3103.

KLEIST D T,PARRISH D F,DERBER J C,et al,2009. Introduction of the GSI into the NCEP Global Data Assimilation System[J]. Weather and Forecasting,24(6):1691-1705.

LE M J,JUNG J,DERBER J,et al,2006. Improving global analysis and forcasting with AIRS[J]. Bull Amer Meteorol Soc,87:891-894.

LORENC A C,2010. The potential of the ensemble Kalman filter for NWP—a comparison with 4D-Var [J]. Quarterly Journal of the Royal Meteorological Society,129(595):3183-3203.

LORENC A C,HAMMON O,2010. Objective quality control of observations using Bayesian methods. Theory, and a practical implementation[J]. Quarterly Journal of the Royal Meteorological Society,73(6):114.

MARCO MATRICARDI,2010. A principal component based version of the RTTOV fast radiative transfer model[J]. Q J R Meteorol Soc,136:1823-1835.

MASIELLO G,SERIO C,ANTONELLI P,2012. Inversion for atmospheric thermodynamical parameters of IASI data in the principal components space[J]. Quarterly Journal of the Royal Meteorological Society,138(662):103-117.

MATRICARDI M,2008. The generation of RTTOV regression coefficients for IASI and AIRS using a new profile training set and a new line-by-line database[R]. ECMWF Technical Memorandum,564.

MATRICARDI M,MCNALLY A P,2014. The direct assimilation of principal components of IASI spectra in the ECMWF 4DVar[J]. Quarterly Journal of the Royal Meteorological Society,140(679):573-582.

MCCARTY,W M,2009. The Impact of the Assimilation of AIRS Radiance Measurements on Short-term Weather Forecasts[J]. J Geophys Res in review,45(7):342-347.

MCNALLY A P,2002. A note on the occurrence of cloud in meteorologically sensitive areas and the implications for advanced infrared sounders[J]. Q J R Meteorol Soc,128:2551-2556.

MCNALLY A P, WATTS P D,2003. A cloud detection algorithm for high-spectral-resolution infrared sounders[J]. Quarterly Journal of the Royal Meteorological Society,129(595):3411-3423.

MCNALLY A P,P D WATTS,J A SMITH,et al,2006. The assimilation of AIRS radiance data at ECMWF[J]. Q J R Meteorol Soc,132:935-957.

MENZEL,SMITH M,STEWART T,1983. Improved cloud motion wind vector and altitude assignment using VAS [J]. J Appl Meteor,22:377-384.

OKAMOTO K,MCNALLY A P,BELL W,2014. Progress towards the assimilation of all-sky infrared radiances:an evaluation of cloud effects[J]. Quarterly Journal of the Royal Meteorological Society,140:1603-1614.

PARISH D F,DERBER J C,1992. The National Meteorological Center's Spectral Statistical Interpolation Analysis System[J]. Mon Weather Rev,120:1747-1763.

PAVELIN E G,ENGLISH S J,EYRE J R,2008. The assimilation of cloud-affected infrared satellite radiances for numerical weather prediction[J]. Quarterly Journal of the Royal Meteorological Society,134 (632):737-749.

ROBERT C,DURBIANO S,BLAYO E,et al,2005. A reduced-order strategy for 4DVar data assimilation [J]. Journal of Marine Systems,57(1-2):70-82.

ROCHON Y J,GARAND L,TURNER D S,et al,2010. Jacobian mapping between vertical coordinate systems in data assimilation[J]. Quarterly Journal of the Royal Meteorological Society,133(627):1547-1558.

ROZANOV A,ROZANOV V,BURROWS J P,2001. A numerical radiative transfer model for a spherical planetary atmosphere:combined differential-integral approach involving the Picard iterative approximation[J]. Journal of Quantitative Spectroscopy & Radiative Transfer,69(4):491-512.

SASAKI Y,1970. Some Basic Formalisms in Numerical Variational Analysis[J]. Monthly Weather Review,98(12):875-883.

SAUNDERS R,MATRICARDI M,GEERA,et al,2010. RTTOV9 science and validation plan[R]. RTTOV-9 Science and Validation Report NWPSAF-MO-TV-020.

SAUNDERS R,HOCKING J,RAYER P,et al,2017. RTTOV-12 science and validation report' NWP-SAF-MO-TV-41,v1. 0[R]. EUMETSAT NWP-SAF.

SCHEPPELE S E,NUTTER G L,PARISI D L,1990. Optimization of high resolution mass spectrometers for type analysis[J]. Monthly Weather Review,35:4.

SKAMAROCK W C,KLEMP J B,DUDHIA J,et al,2008. A description of the advanced research WRF Version 3[R]. Ncar Technical Note,NCAR / TN-475 + STR.

SMITH A,ATKINSON N,BELL W,et al,2015. An initial assessment of observations from the Suomi-NPP satellite:data from the Cross-track Infrared Sounder(CrIS)[J]. Atmospheric Science Letters,16(3):260-266.

SMITH F I,2014. Improving the information content of the IASI assimilation for numerical weather prediction[D]. Leicester:University of Leicester:1-191.

SMITH W L,2009. An improved method for calculating tropospheric temperature and moisture profiles from satellite radiometer measurements[J]. Monthly Weather Review,96(6):387-396.

SMITH W L,FREY R,1990. On cloud altitude determinations from high resolution interferometer sounder(HIS)observations[J]. Journal of Applied Meteorology,29(7):658-662.

STILLER O,SMITH F,KOPKEN-WATTS C,2015. Investigation into the partitioning of cloud signals into IASI reconstructed radiances[R]. EUMETSAT NWP SAF-MO-VS-052.

SUSSKIND J,ROSENFIELD J,REUTER D,et al,1984. Remote sensing of weather and climate parameters from HIRS2/MSU on TIROS-N[J]. J Geophys Res,89:4677-4697.

SUSSKIND J,BARNET C D,BLAISDELL J M,2003. Retrieval of atmospheric and surface parameters from AIRS/AMSU/HSB data in the presence of clouds[J]. IEEE Trans Geosci Remote Sens,41(2):390-409.

WENG F Z,YU X W,DUAN Y H,et al,2020. Advanced Radiative Transfer Modeling System(ARMS):A new-generation satellite observation operator developed for numerical weather prediction and remote sensing applications[J]. Adv Atmos Sci,37(2):131-136.

WYLIE D P,MENZEL W P,WOOLF H M,et al,1994. Four years of global cirrus cloud statistics using HIRS[J]. J Climate,7:1972-1986.

ZHANG F,MINAMIDE M,EUGENE E,et al,2016. Potential impacts of assimilating all-sky infrared satellite radiances from GOES-R on convection-permitting analysis and prediction of tropical cyclones[J]. Geophysical Research Letters,43:2954-2963.

ZHANG Q,YU YI,ZHANG W,et al,2019. Cloud detection from FY-4A's geostationary interferometric infrared sounder using machine learning approaches[J],Remote Sensing(11):3035.

ZHANG W M,CAO X Q,XIAO Q N,et al,2010. Variational data assimilation using wavelet background error covariance:Intialization of typhoon KAEMI(2006)[J]. Journal of Tropical Meteorology,16(4):333-340.

ZHU,Y,GELARO R,2008. Observation sensitivity calculations using the adjoint of the gridpoint statistical interpolation(GSI)analysis system[J]. Monthly Weaher Review,136(1):335-351.

附录
同化运行实例

（1）红外高光谱 AIRS 资料预处理软件插件功能确认

步骤编号	预处理步骤内容	结果确认
1	检查测试数据的完整性，是否存在存放红外高光谱 AIRS 的 L1B 观测数据的目录、检查同化红外高光谱的两类辐射传输模式 CRTM（CRTM 在目录：/irvar/wrfda/var/external/crtm/下，文件名为 crtm_2.1.3）	确定模拟红外高光谱的辐射传输模式 CRTM
2	检查输入观测资料（在目录：/irvar/data/obs/20150509/下，文件名为 gdas1.t06z/airsev.tm00.bufr_d）和背景场资料数据文件（在目录：/irvar/data/fnl/20150509/下，文件名为 fnl_2015050*.grib2）的大小	确定红外高光谱 AIRS 观测文件，生成同化系统需要的背景场数据文件
3	确定红外高光谱资料 I/O 分块文件 cwordsh.x，运行命令 ./cwordsh block，根据终端屏幕显示的信息，完成红外高光谱资料预处理软件资料分块，测试记录表的填写	1 个时次的 6 h 窗口红外高光谱 AIRS 资料的资料，I/O 分块预处理
4	通过输入/输出数据和 radiance_info 信息确定 AIRS 通道同化信息	确定能处理红外高光谱 AIRS 卫星仪器的 281 个通道
5	检查红外高光谱大气透过率系数文件，CRTM 模式系数文件在目录/irvar/wrfda/var/run/下，文件名为 crtm_coeffs	确定具有辐射传输模式 CRTM 的红外高光谱 AIRS 大气透过率系数和地表发射率系数

（2）红外高光谱 AIRS 资料同化软件插件功能和性能实验步骤

步骤编号	实验过程	结果确认
1	运行命令 time ./da_wrfdavar.exe，根据终端屏幕显示的信息，记录红外高光谱资料同化软件串行运行时间	确认同化系统完成一次 6 h 窗口同化分析串行运算的墙钟时间
2	运行命令 time $ mpirun ./da_wrfdavar.exe，根据终端屏幕显示的信息，记录红外高光谱资料同化软件并行运行时间	确认同化系统完成一次 6 h 窗口同化分析并行运算的墙钟时间
3	检查红外高光谱同化流程运行是否成功结束，在/irvar/airs-test/目录下，查看是否有各个流程步骤的 rsl.out.* 日志文件，从而判断每个流程步骤是否正常结束	红外高光谱资料同化软件插件接入 WRFDA 同化系统后同化流程能成功结束
4	检查红外高光谱资料同化软件插件的变分偏差订正功能，在"cd airs-test"命令进入目录，检查是否有 VARBC.out 文件生成，逻辑变量 use_varbc 是否设置为 true，并具有偏差订正输入文件 VARBC.in	确认具有变分偏差订正功能
5	检查红外高光谱资料同化软件插件的变分质量控制功能，在 airs-test 目录下是否有 01_qcstat_eos-2-airs 日志文件生成，在同一目录下用 vim namelist.input 命令打开控制变量文件检查变量 qc_rad 是否设置为 true	确认同化流程具有变分质量控制的功能
6	利用 cd 命令切换到 gfkd/irvar/目录下，然后利用命令 ls -lh 显示是否存初始场数据文件（文件名为 wrfvar_output）	确认生成同化分析场数据文件

步骤编号	实验过程	结果确认
7	利用 vi 打开 rsl. out. 00 * 文件,查看和记录 AIRS 卫星仪器的观测目标泛函值	确认同化了红外高光谱 AIRS 资料的功能
8	检查红外高光谱资料同化软件插件的 CRTM 辐射传输模拟功能,namelist. input 文件中逻辑选项 crtm_option＝2,然后用 vim 命令打开文件 rsl. out. 0000,查看 Read_ODPS_Binary * FILE:. / crtm_coeffs	确认 CRTM 辐射传输模拟红外高光谱 AIRS 的功能
9	通过新插件和同化方法生成的温度、湿度、位势高度和风速预报对分析距平相关的统计检验结果文件,逐个比较不同时效预报对分析距平相关值,判断接插红外高光谱资料同化新软件插件后是否提高了北半球温度、湿度、位势高度和风速距平相关	确认温度、湿度、位势高度和风速等均方根误差大小

缩略词及中英文全称

缩写	英文	中文	索引(章)
3DVar	Three Dimensional Variation	三维变分	2
4DVar	Four Dimensional Variation	四维变分	2
ACE-FTS	Atmospheric Chemistry Experiment-Fourier Transform Spectrometer	大气化学试验傅里叶变换光谱仪	1
ADEOS	Advance Earth Observing Satellite	先进对地观测卫星	1
AIRS	Atmospheric Infrared Sounder	大气红外探测器	1
AIUS	Atmospheric Infrared Ultraspectral Sounder	大气红外超光谱仪	1
AM	Adjoint Model	伴随模式	4
AMSU	Advanced Micro-wave Sounding Unit	先进微波探测器	1
ARMS	Advanced Radiative Transfer Modeling System	先进辐射传输模拟系统	4
AROME	Applications of Research to Operations at Mesoscale	法国气象局中尺度模式	1
ARPEGE	Action de Recherche Petite Echelle Grande Echelle	法国气象局其全球模式	1
BUFR	Binary Universal Form for the Representation of Meteorological Data	二进制通用气象数据格式	3
CEOS	Committee on Earth Observation Satellites	卫星对地观测委员会	3
CMA	China Meteorological Administration	中国气象局	2
CMAM	Canadian Middle Atmosphere Model	加拿大中层大气模式	4
CrIS	Cross-track Infrared Sounder	跨轨红外探测仪	1
CRTM	Community Radiative Transfer Model	公用辐射传输模式	1
ECMWF	European Center for Medium-range Weather Forecasts	欧洲中期天气预报中心	4
ESA	European Space Agency	欧洲航天局,简称欧空局	1
EUMETSAT	European Organization for the Exploitation of Meteorological Satellites	欧洲气象卫星应用组织	1
FM	Forward Model	正向模式	4
FOR	Field of Regard	驻留视场	1
FOV	Field of Views	(瞬时)视场	1
FTIR	Fourier Transform Infrared Spectroscopy	傅里叶变换红外光谱仪	1
FTS	Fourier Transform Spectrometer	傅里叶变换干涉仪	1
GIFTS	Geostationary Imaging Fourier Transform Spectrometer	同步卫星成像傅里叶变换光谱仪	1
GIIRS	Geostationary Interferometric Infrared Sounder	地球静止干涉红外探测仪	1
GRAPES	Global/Regional Assimilation and Prediction Sysrem	全球和区域同化预报系统	2
GSI	Gridpoint Statistical Interpolation	格点统计插值	2
HALOE	Halogen Occultation Experiment	卤素掩星试验	1
HIRAS	Hyperspectra Infrared Atmospheric Sounder	高光谱红外大气探测仪	1
HSB	Humidity Sounder for Brazil	巴西湿度探测器	1
IASI	Infrared Atmospheric Sounding Interferometer	红外大气探测干涉仪	1
IIS	Integrated Imaging System	集成成像系统	1

缩写	英文	中文	索引(章)
IMG	Interferometric Monitor for Greenhouse Gases	干涉式温室气体检测仪	1
IRS	Infrared Sounder	傅里叶变换光谱仪红外探测仪	1
JCSDA	Joint Center for Satellite Data Assimilation	卫星资料同化联合中心	1
JPL	Jet Propulsion Laboratory	(美国)喷气推进实验室	1
KF	Kalman Filter	卡尔曼滤波	2
KM	K-matrix Model	K 矩阵模式	4
MIPAS	Michelson Interferometer for Passive Atmospheric Sounding	被动大气探测迈克尔逊干涉仪	1
MMR	Multivariate Minimum Residual	多元最小残余	6
MPD	Maximun Optical Path	最大光学路径	3
MTG	Meteosat of Third Generation	第三代地静止轨道气象卫星	1
NASA	National Aeronautics and Space Administration	美国国家航空航天局	1
NECP	National Center for Enviroment Prediction	美国国家环境预报中心	1
NEDT	Noise Equivalent Temperature Diffence	噪声等效温差	1
NOAA	National Oceanographic and Atmospheric Administration	美国国家海洋大气局	1
NWP	Numerical Weather Predication	数值天气预报	2
OI	Optimal Interpolation	最优插值	2
OPD	Optical Path Difference	干涉仪的光学路径差	3
OPTRAN	Optical Path Transmittance	光学路径透过率	4
PCA	Principal Component Analysis	主成分分析	7
PC	Principal Component	主成分	7
PSAS	Physical Space Analysis System	物理空间分析系统	2
QC	Quality Control	质量控制	5
RTM	Radiative Transfer Model	辐射传输模式	4
RTTOV	Radiative Transfer for TIROS Operational Vertical Sounder	TIROS 业务垂直测深仪的辐射传输	1
SCISAT-1	Science Satellite-1	科学卫星	1
SCM	Method of Successive Corrections	逐步订正	2
SIRS	Satellite Infrared Spectrometer	卫星红外分光仪	1
SSI	Spectral Statistical Interpolation	波谱统计插值	2
TES	Tropospheric Emission Spectrometer	对流层发射光谱仪	1
TLM	Tangent-linear Model	切线性模式	4
UARS	Upper Atmosphere Research Satellite	高层大气研究卫星	1
VarQC	Variational Quality Control	变分质量控制	2

致　　谢

　　感谢我的导师们、师门兄弟姐妹和其他国内外专家提供的帮助和指导。感谢曾庆存院士和宋君强院士的鼓励和引导,感谢张卫民研究员、杨晓峰研究员、马刚研究员和王鼎益教授等专家,是您们将我带进了科学的殿堂,让我感受了"遥感资料同化"的魅力。感谢我曾经学习和工作过部门的老师们、领导们的帮助和指导。

余　意
2023 年 7 月

声　明

　　本书中所表达的任何意见、结果、结论或建议都是作者的观点,并不一定反映所支持出版基金的观点。